普通高等教育教材

Python编程

案例驱动的快速入门与实践

马静 茆志伟 才铁 主编

化学工业出版社
·北京·

内容简介

《Python编程：案例驱动的快速入门与实践》采用案例驱动的教学模式，引导读者在模仿、重构与实践的过程中，循序渐进地掌握Python语言的语法要点及程序设计方法。

全书共分为10章，内容主线被精心设计为一条清晰的从基础到实战的技能进阶路线：从搭建Python开发环境与语法基础起步，奠定程序设计根基，进而系统掌握分支、循环等核心程序结构与组合数据类型、函数等关键概念，最终进阶至异常处理、文件操作等实战技能，并引入实用的标准库和第三方库，实现数据可视化、中文文本处理及图形绘制等实际应用。本书引入大量结合专业背景的实战案例，读者不仅可以快速理解Python编程的核心知识，更将积累把Python应用于实际场景的初步经验。本书配有在线习题，读者可扫二维码学习自测。

本书适合作为高校各专业"Python语言程序设计"课程的教材，也可供Python工程师及编程爱好者参考。

图书在版编目（CIP）数据

Python编程 : 案例驱动的快速入门与实践 / 马静，茆志伟，才轶主编. -- 北京 : 化学工业出版社，2026. 3. --（普通高等教育教材）. -- ISBN 978-7-122-49747-5

Ⅰ. TP312.8

中国国家版本馆CIP数据核字第202639Q8E1号

责任编辑：刘丽菲　　　　装帧设计：张　辉
责任校对：田睿涵

出版发行：化学工业出版社
（北京市东城区青年湖南街13号　邮政编码100011）
印　　装：河北鑫兆源印刷有限公司
787mm×1092mm　1/16　印张$13^1/_2$　字数335千字
2026年4月北京第1版第1次印刷

购书咨询：010-64518888
售后服务：010-64518899
网　　址：http://www.cip.com.cn
凡购买本书，如有缺损质量问题，本社销售中心负责调换。

定　　价：45.00元

前言

进入数字时代，Python凭借其简洁优雅的语法结构、丰富强大的功能生态及广泛深入的应用场景，已成为推动技术创新与解决实际问题的关键工具。

然而，对于众多初学者而言，Python的学习之路依然充满挑战。这不仅体现在需要跨越基础语法的门槛，更在于如何将抽象的语法知识转化为解决实际问题的能力。当前Python教学中普遍存在两点困境：一是过于聚焦编程语言的细枝末节，让学习者陷入语法细节的泥沼；二是要求学习者同时应对语法学习和算法思维的双重压力，导致学习负担加重，效果不佳。

正是基于对这些痛点的深刻洞察，编写团队确立了本书的编写理念：简化语法学习，以培养编程能力为核心目标。本书采用案例引导的教学模式，在案例设计中既注重与专业背景的深度融合，又精心构建由浅入深的案例进阶体系，让读者能够在真实的应用场景中自然而然地掌握编程思想。

本书特色：

- 立足专业，案例驱动。本书精心设计了融合专业背景的实战案例，读者将在解决具体问题的过程中理解概念、掌握语法。
- 路径清晰，循序渐进。本书内容遵循初学者的认知规律，规划了一条明确的技能进阶路线。从Python开发环境搭建与基础语法起步，到程序控制结构（分支、循环），再到组合数据类型、函数等核心概念，最终进阶至异常处理、文件操作及利用第三方库实现数据可视化、中文文本分析等高级应用。每一步都建立在之前的知识之上，确保学习过程平稳而高效。
- 案例贯穿，持续优化。采用“同一案例，持续演进”的设计理念，关键案例将在多个章节中反复出现，随着读者知识储备的增加，相同案例的实现方式和性能将不断优化。这一过程生动展示了编程思维的演进轨迹，让学习者直观感受代码优化的艺术。

本书内容安排：

- 第1～2章引导读者搭建Python开发环境，夯实语法基础，迈出Python程序设计的第一步。

- 第3～5章系统讲解程序的基本控制结构，包括顺序、分支和循环，让程序具备逻辑判断与重复执行的能力。
- 第6章深入探讨列表、元组、字典、集合等组合数据类型，这是处理复杂数据的基础。
- 第7章学习函数的定义与使用，掌握代码复用和模块化设计的精髓，提升代码质量。
- 第8章介绍异常处理与程序调试，使读者具备应对错误、保障程序健壮性的关键技能。
- 第9章学习文件操作，让程序能够读写持久化存储的数据，实现数据的共享和长久利用。
- 第10章作为综合实践，将引导读者运用所学引入实用的标准库和第三方库，完成数据可视化或文本处理等颇具成就感的实战项目。
- 本书配有在线习题，读者可扫二维码学习自测。

本书由从事了多年计算机基础课程教学，且具有丰富教学实践经验的一线教师编写完成。本书编写分工如下：第1、5、6章由茆志伟编写，第2章由才轶编写，第3、4、8～10章由马静编写，第7章由才轶、马静联合编写。全书由马静组织编写并统稿。

由于编者水平有限，书中难免存在疏漏与不足之处，恳请广大读者和专家同仁不吝指正。

马　静

2025年10月

目录

第4章

分支结构程序设计 / 43

第5章

循环结构程序设计 / 58

第6章

组合数据类型：组织和管理复杂数据 / 77

第1章

Python程序设计概述

本章主要内容

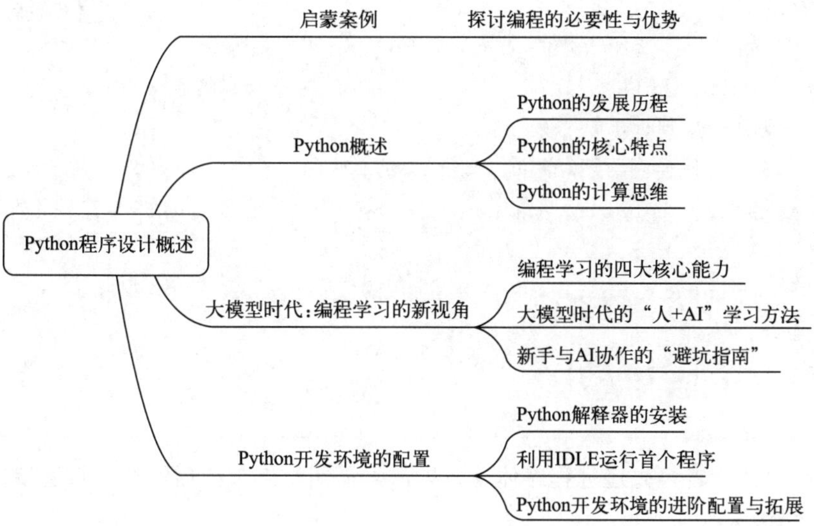

1.1 启蒙案例

假设某名设备运维人员的日常任务是监测关键设备轴承的振动值，当轴承振动异常时，需立即停机检修，否则可能引发严重故障。在设备监测领域中，3σ准则是判断数据异常的经典方法，其核心逻辑可概括如下：计算多组监测数据的平均值和波动程度（标准差），若某组数据超出“平均值±3倍波动程度”的范围，则其大概率是异常值，需要报警。在过去，该设备维修人员可能会采取如下传统方式。

① 手持振动检测仪，按固定周期到现场进行监测。

② 手动读取振动峰值，记录至纸质表或电子表。

③ 每次记录后，人工计算数据是否超出安全阈值。

这种方式存在明显局限：一是效率低，人工巡检无法实现实时监测；二是易出错，手动记录与计算可能遗漏历史数据或出现计算偏差；三是风险高，若漏判超阈值数据，将直接延误检修时机，增加设备故障概率。

编程的核心价值，正是替代重复性手动操作，让计算机自动完成全流程：自动采集传感器数据、基于3σ准则判断异常、触发声光报警或短信通知。

【例1-1】轴承振动监测与异常报警程序示例。

程序代码如下：

```
#轴承振动监测3σ准则超限报警示例
#步骤1:模拟1组轴承振动数据(单位为mm/s，含1个异常值)
vibration_data=[7.1,6.8,7.3,12.5,6.9,7.0,6.8,6.6,6.5,6.7,7.2]
#步骤2:计算数据均值(平均振动水平)与标准差(波动程度)
mean_vib=sum(vibration_data)/len(vibration_data) #均值
std_vib=(sum((x - mean_vib)**2 for x in vibration_data)/
len(vibration_data))**0.5
#计算标准差
#步骤3:设定3σ异常阈值(均值±3倍标准差)
thr=mean_vib+3*std_vib                          #计算阈值
#步骤4:遍历数据判断异常并输出结果
print("轴承振动监测结果(单位:mm/s):")
for value in vibration_data:                    #遍历每组数据，带监测次数
    if value>thr:
        print(f"{value} → 异常(上限阈值:{thr:.2f})")
    else:
        print(f"正常")
```

关于例1-1，读者可先运行程序体验效果，无需纠结细节，后续章节将逐步拆解每一步的逻辑和代码语法。

1.2 Python概述：通用工具的底层逻辑

通过1.1节的轴承振动监测案例，读者已初步见识了Python代码的实用性。但要真正掌握这门语言，还需先从宏观视角解答两个核心问题：Python究竟是什么？它从何而来，又为何能成为解决通用问题的“热门工具”？此外，学习Python，最核心的是要掌握其背后的计算思维。

1.2.1 Python的发展历程

许多编程语言的诞生源于商业公司的战略布局，而Python的起点却十分“随性”——其

源于一位程序开发人员的假期小项目，这也注定了其简洁、实用的核心特点。

1989年圣诞节期间，荷兰程序开发人员吉多·范·罗苏姆（Guido van Rossum）在老家休假时，希望找一件有趣的事打发时间。当时他长期使用一种教学用编程语言，这种语言语法清晰，近似英语阅读体验，但灵活性极差。吉多的目标很明确，即创造一门“既像教学语言般易懂，又能解决真实工程问题”的语言。他在创造新的编程语言时，保留了“易读”的优点，剔除了“难扩展”的缺陷，还新增了“处理复杂任务”的特性。为致敬自己喜欢的喜剧团体“蒙提·派森（Monty Python）的飞行马戏团”，吉多将这门语言命名为“Python”（蟒蛇）。这个略带幽默的名字，也奠定了Python社区开放、轻松的文化基调。1991年，Python第一个公开版本发布，其没有任何广告宣传，全靠“好用、好懂”的口碑吸引了全球开发者。吉多也因长期主导Python发展，被Python社区尊称为“终身仁慈独裁者”（benevolent dictator for life，BDFL），如同项目的总设计师，始终确保Python的设计不偏离简洁、实用的核心特点。

随着Python用户群体的扩大，早期设计的文本乱码、整数除法失真等问题日益凸显。为使Python适应未来的技术需求，开发团队在2008年推出了Python 3。这并非简单的功能更新，而是一次“底层重构”。Python 3修正了诸多核心问题：统一了全球语言的文本编码标准、规范了除法运算（3/2=1.5，符合工程计算的精度要求），但代价是不兼容Python 2。这一决策在当时引发了争议，但从长远来看，这次“阵痛”是必要的——短期的兼容性麻烦换来了长期的高效与稳定。2020年，Python 2正式停止维护，如今人们学习的Python均为Python 3版本（若遇到print "B-01振动值" 这类无括号的代码，可判断为过时的Python 2写法，无需参考）。

Python的发展历程对读者有3点重要启示：其一，技术需要“迭代思维”，不存在一劳永逸的工具，就像设备会随技术升级而更新，编程技术也需要持续学习；其二，社区是隐形老师，Python能从个人项目成长为行业标准，离不开全球开发者的贡献，未来读者遇到任何技术问题，都能在Python 社区中找到解决方案，如同查阅专业手册般便捷；其三，选对Python版本能少走弯路，如今学习Python 3，就像使用最新版软件，既能避免旧版本的漏洞，又能直接调用最新的第三方库，提升开发效率。

1.2.2 Python的核心特点

若将编程语言比作工具，那么C++是“精密机床”（功能强大但操作复杂），Java是“标准化生产线”（规范严谨但灵活度低），而Python就是“多功能瑞士军刀”——轻便易上手，却能解决从数据记录到算法优化的大部分问题。Python的这种通用性源于其五大核心特点。

① Python简洁易读，近似阅读操作规程。Python强制用“缩进”划分代码块（如用4个空格表示一个代码层级），没有C++/Java中密密麻麻的“{}”，这并非繁琐的规定，而是统一的标准。就像任何产品的操作说明书，无论由谁编写，步骤与格式都必须清晰易懂，以便他人接手后能快速理解并执行。例如，统计轴承超阈值次数，Python代码的逻辑就如同操作步骤：先列出振动数据；然后初始化超阈值计数器，逐个检查每个振动值，若超过阈值则计数器加1；最后输出结果。因此，即便是新手，也能快速理清Python的代码逻辑，这对团队协作至关重要。

② Python是解释型语言，适合“边试边调”。Python采用“逐行执行”的方式，即编写一行代码就能运行查看结果，若出现错误可立即修改，无须像C++那样先编译整个程序。这种特性特别适合实验性任务，如想分析“振动峰值与设备转速的关系”，可先编写一段代

码处理 10 组小数据，验证结果是否符合预期，再逐步优化逻辑。这就像实验前的预试，用小剂量试剂测试工艺参数，调整无误后再放大到正式实验。Python的“即时运行”特性让开发者无须等待全程序编译完成，就能快速验证思路，效率远超编译型语言。

③ Python支持动态类型，如同通用容器般灵活。在Python中，变量无须提前声明类型。例如，可以让变量data先存储振动峰值（数字类型），再存储设备报警状态（字符串类型）。这就像实验室中的通用容器，装完液体试剂（对应数字）后，清洗干净就能装固体粉末（对应字符串），无须为每种样品单独准备容器。Python的这种灵活性能让开发者快速编写代码，尤其适合处理多变的数据格式，如有时需要存储振动数值，有时需要记录“设备检修中”这类文字状态。但是，Python新手需注意，灵活不代表随意使用，就像样品瓶需要贴标签区分内容物，开发者也需牢记变量当前的类型，避免因类型混淆导致错误。

④ Python的标准库“自带电池”，开箱即用。安装Python后，系统自带的标准库就像实验室的基础仪器包，包含文件处理、数学计算、时间获取等常用工具，无须额外下载即可使用。例如，想自动获取当前时间并记录监测数据，直接调用标准库中的datetime模块即可实现。Python的这种“开箱即用”的特性，能大幅节省开发时间，让开发者专注于核心业务逻辑而非基础工具的搭建。

⑤ Python拥有丰富的第三方库生态，覆盖全场景需求。如果说标准库是基础仪器包，那么第三方库就是专业设备库。全球Python开发者贡献了数十万款第三方库，通过pip（Python 的包管理工具）就能一键安装，覆盖从数据采集到AI（artificial intelligence，人工智能）模型训练的全流程。例如，用Pandas库处理一个月的轴承振动日志，只需3行代码就能统计超阈值次数；若手动计算，可能需要半小时甚至更久。第三方库的“降维打击”，能让读者将精力集中在问题逻辑分析（如为什么某周超阈值次数突然增多）上，而非重复的数据计算。

1.2.3 Python 的计算思维

看到这里，读者可能会有疑问：只要记住语法、会调用第三方库，就算学好Python了吗？答案当然是否定的。就像工程师不能只懂工具操作，还需掌握问题设计思路；学习Python也不能只停留在代码编写层面，更要掌握其背后的计算思维。

计算思维并非编程技巧，而是将现实问题转化为计算机可解决步骤的能力。计算思维包含4个核心维度，具体如下。

第一个维度是“分解”——将大问题拆分为小任务。其核心是把“复杂的整体任务”拆解为“小而明确的子任务”，降低问题的复杂度。例如，要构建一套轴承振动监测与异常报警系统，可将其拆解为5个独立子任务：数据采集（从传感器获取振动值）、历史数据存储（将数据存入数据库）、报警逻辑判断（检查是否连续超限）、报警响应（发出声光提醒或短信通知）和系统控制（超限后自动停机）。通过分解，原本令人望而生畏的大系统变成了可逐个攻克的小任务，开发难度大幅降低。

第二个维度是“模式识别”——寻找共性以避免重复。在拆分后的子任务中，识别“相似的逻辑或操作”，通过代码复用减少重复劳动。例如，在轴承振动监测与异常报警系统中，“判断振动值是否超阈值”与“判断设备温度是否超阈值”的逻辑完全相同，只需设计一个通用函数，分别传入振动值/温度值与对应阈值，即可实现两种参数的超限判断，而无须为每种参数单独编写一套代码，大幅提升了开发效率。

第三个维度是“抽象”——抓住核心，忽略细节。忽略问题中的无关细节，聚焦核心逻辑，借助简化模型或封装操作降低复杂度。例如，在轴承振动监测与异常报警系统中，用变量vibration_peak代表当前振动峰值，无须关注传感器型号、电压转换公式等细节，直接用该变量参与超限判断即可。开发者无须纠结传感器如何将物理振动转化为具体的数值，只需聚焦系统需要哪些模块、模块间如何协作等核心问题。

第四个维度是“算法设计”——明确步骤与逻辑。为每个子任务设计清晰、无歧义的步骤序列，确保计算机能按预期完成任务。例如，为判断连续3次超阈值设计算法，步骤如下：a.接收最近3次峰值列表与报警阈值；b.检查列表长度是否为3（确保数据完整）；c.遍历列表中的所有峰值，验证是否均大于阈值；d.根据验证结果输出报警或正常信息。这样的算法步骤清晰、无歧义，计算机能严格按流程执行，避免漏判或误判。

需要强调的是，计算思维并非为学习Python而存在，而是一种解决复杂问题的通用能力。即便未来读者不再使用Python，而是采用其他工具或技术，这种拆解问题、寻找规律、抓住核心、明确步骤的思维方式依然能高效解决实际问题。

1.3 大模型时代：编程学习的新视角

在掌握计算思维的核心维度后，一个无法回避的疑问会浮现：如今ChatGPT、Copilot等大模型能快速生成Python代码，国产大模型也在蓬勃发展，在这样的背景下，从零开始学习变量、循环等基础内容，是否还有必要？这会不会如同大语言模型翻译普及后仍坚持学习外语一样，看似不合时宜？

其实，大模型能帮助用户生成代码片段，却难以替代人类进行复杂需求的深度解构、系统架构的逻辑设计以及代码安全性的终极校核。从某种意义上讲，在大模型时代，编程基础的重要性不仅没有降低，反而升级为驾驭AI解决问题的核心能力。人们需要改变的不是是否学习编程，而是为何学习编程、如何学习编程。本节将厘清学习编程与使用AI的关系，帮助读者从代码执行者成长为“AI协作指挥家”。

1.3.1 编程学习的四大核心能力

大模型生成代码的能力，容易让人产生“懂不懂编程都一样”的误解。但实际上，大模型更适合被视为一种高效但不具备责任主体的协作工具，而开发者仍需要能够提出约束、做出取舍、验证结果并承担责任。因此，扎实的编程基础，就是驾驭AI的操作手册。具体而言，编程学习具有四大AI无法替代的核心能力。

① 精准提出需求的能力，避免答非所问。AI的输出质量高度依赖输入的提示词，若缺乏编程基础，往往难以把需求明确成可执行的形式。精准描述需求的能力，源于对编程逻辑的理解，从而显著提升协作效率。

② 验证AI代码的能力，守住安全底线。AI生成的代码可能语法正确但逻辑致命，一个微小的错误就可能导致设备损坏或数据失效。用户只有懂编程，才能像质量检验员一样检查代码逻辑是否符合运维标准、测试边界情况、验证输出结果是否合理，这是AI无法承担的最终责任。

③ 整合AI代码的能力，搭建完整应用工具。AI能生成函数、脚本乃至项目框架，但实际需求往往需要多个功能协同工作，掌握编程基础，才能更好地把AI代码整合为可交付、可复用、可长期维护的应用工具，并为其结果负责。

④ 解决非标准问题的能力，突破AI局限。AI的知识源于训练数据，当问题超出既有模

板、数据分布发生变化、约束条件更苛刻时，AI给出的通用方案可能不适用。这种解决非标准问题的能力，是AI难以替代的，也是专业开发者的核心竞争力。

1.3.2 大模型时代的“人+AI”学习方法

在大模型时代，学习编程的定位不是死记硬背每一行代码，而是通过掌握Python基础，提升自己理解逻辑、表达需求、验证结果、整合应用的能力。

在学习Python的过程中，读者既要扎实掌握基础语法，又要学会在合适的时机将AI作为助教。例如，在学习Python基础知识时，先尝试独立实现，再用AI进行对比、优化；在遇到难点时，可以向AI提问，借助AI的解释加深理解；在项目实践中，可以让AI生成部分代码，再进行审查与整合。这种学习方式既能保证学习的系统性，又能培养读者在AI时代的竞争力。

事实上，学习编程的过程也是训练“人+AI”协作能力的过程。通过实践，读者需要逐渐学会以下几种方法：①学会用编程逻辑描述需求，从而提高AI输出的准确性；②学会像质量检验员一样验证和调试AI的代码，确保安全可靠；③学会将大任务拆解为若干小任务，并将AI生成的代码片段整合成完整的应用；④学会在学习中利用AI的解释和反馈，深化理解，提高学习效率。

1.3.3 新手与AI协作的“避坑指南”

新手在与AI协作时容易陷入两个极端：要么过度依赖（直接复制AI代码，不理解逻辑），要么完全不用（拒绝借助AI，效率低下）。本小节给出3条实操建议，帮助新手少走弯路。

① 先独立思考，再咨询AI。面对基础语法题，先尝试自己编写代码，再将自己的代码与AI生成的代码对比，分析差异与优化点。先实践再优化的模式，能帮助新手扎实掌握Python基础知识。

② 提出需求时补充专业标准。向AI提出需求时，务必补充相关专业信息，避免AI缺少约束导致偏离场景，确保AI生成的代码符合实际场景。

③ 核心代码亲自测试。对涉及安全、数据准确性的核心代码，必须亲自运行测试，覆盖正常、临界、异常等常见场景。未经测试与审查不应直接投入关键场景，这是保障系统安全的一道重要防线。

需要明确的是，AI的角色是高效工具，而非责任主体。学习编程的目标不是成为只会编写代码的人，而是成为能驾驭AI、用技术解决问题的工程师。

1.4 Python开发环境的配置

在了解Python的特性、计算思维及大模型时代的学习视角后，理论准备已基本就绪，现在该为编程之旅搭建“编程实验室”，即配置Python开发环境。开发环境是运行Python代码的基础，如同实验室中的实验台，选择合适的工具并正确配置，能大幅提升后续学习效率。

1.4.1 Python解释器的安装

Python解释器是运行代码的核心组件，必须从官方渠道下载，以确保安全纯净。Python

解释器的安装步骤如下。

① 下载安装程序。打开浏览器，访问Python官方网站，应务必确认网址的准确性，避免下载第三方恶意软件。进入Python官方网站后，将鼠标指针移至顶部的“Downloads”菜单，网站会根据用户的操作系统自动识别并推荐最新的稳定版本，选择版本并单击“下载”按钮，即可获取对应的安装文件（Windows操作系统为.exe格式，macOS操作系统为.pkg格式）。

② 执行安装操作。Windows操作系统用户可双击下载的.exe 文件，在安装界面中选中“Add python.exe to PATH”复选框。这一操作能让计算机在任意目录下识别Python命令，避免后续运行代码时出现“命令找不到”的错误。单击“Install Now”按钮，即可完成安装。macOS操作系统用户可双击.pkg 文件，依次单击“继续”“同意”“安装”按钮，按系统提示完成操作（无须额外配置环境变量）。

③ 验证安装结果。Python解释器安装完成后，打开命令行终端：Windows操作系统用户按Win键，输入“cmd”并按Enter键，打开终端；macOS操作系统用户打开启动台，在“其他”文件夹中找到“终端”并打开。在终端中输入命令“python --version”（macOS操作系统用户可能需要输入“python3 --version”），若成功显示版本号（如“Python 3.12.4”），则说明Python解释器安装成功；若提示“Python不是内部或外部命令”，则需重新检查安装步骤，确保已选中“Add python.exe to PATH”复选框（Windows操作系统用户）或重新配置环境变量。

1.4.2 利用IDLE运行首个程序

IDLE（integrated development and learning environment）是Python自带的轻量级集成开发环境，无须额外安装，界面简洁，操作简单，非常适合新手入门。

1.4.2.1 IDLE的启动方式

IDLE的启动方式如下：安装Python后，Windows操作系统用户可在“开始”菜单中搜索“IDLE”并单击启动；macOS操作系统用户可在“应用程序”文件夹中找到“IDLE”图标，双击启动。IDLE启动后，会首先打开“交互模式”窗口，该窗口中会显示Python版本信息及“>>>”提示符，这是IDLE的默认启动界面。

1.4.2.2 IDLE的核心工作模式

IDLE包含两种核心工作模式，分别适用于不同场景。

（1）交互模式

交互模式，如同超级计算器，允许输入一行代码，执行一行代码。在“>>>”提示符后输入代码，按Enter键即可立即查看结果。

【例1-2】 交互模式示例。

程序代码示例1如下：

```
>>>print("欢迎开启Python之旅！")
```

按Enter键，程序运行结果如下：

```
欢迎开启Python之旅!
```

程序代码示例2如下：

```
>>>25*4.2      #模拟计算机械零件质量
```

按Enter键，程序运行结果如下：

```
105.0
```

程序代码示例3如下：

```
>>>temp=30  #定义设备温度变量
>>>temp+5
```

按Enter键，程序运行结果如下：

```
35
```

交互模式的优势是“即时反馈”，适合测试简单代码，探究语法规则；其缺点是代码无法保存，即关闭窗口后，所有输入的代码都会丢失，因此不适合编写多行长程序。

（2）文件模式

文件模式用于编写完整程序并保存为文件，是日常开发的主要工作模式。其操作步骤如下：在IDLE的交互窗口中选择“File”→“New File”选项，打开一个空白的编辑器窗口，在其中编写完整代码（如设备温度记录程序）。代码编写完成后，选择“File”→“Save”选项，在弹出的对话框中选择保存路径（建议在“文档”文件夹中新建“Python 练习”文件夹），文件名需以“.py”为扩展名（如“CH1_device_temp.py”，其中“CH1”表示第1章），单击“保存”按钮。运行程序时，点击编辑器菜单栏的“Run”→“Run Module”选项（或按F5键），程序会在交互窗口中输出结果。

【例1-3】编写设备温度记录程序。

程序代码如下：

```
#设备温度记录程序
device_id="M-01"  #设备编号(如机械轴承、电子元件)
record_time="2024-09-01 10:00"  #记录时间
#提示输入温度
print(f"请输入{device_id}设备的当前温度(℃):")
temperature=input()
#生成规范日志
log=f"{device_id}在{record_time}的温度为{temperature}℃"
print(log)
```

保存后运行，运行结果如下：

```
请输入M-01设备的当前温度(℃):
28.5
M-01在2024-09-01 10:00的温度为28.5℃
```

在交互窗口中输入“28.5”，会输出“M-01在2024-09-01 10:00的温度为28.5℃”，完成程序的运行与验证。

1.4.3 Python 开发环境的进阶配置与拓展

除了IDLE，这里推荐三款常用工具，可根据学习场景选择使用。需要注意的是，软件工具的具体功能、官方网站下载入口及安装向导均可能随着版本更新而调整，读者在实际使用过程中，应以各工具官方网站当前提供的说明为准，按照页面提示完成下载与安装。

（1）Anaconda：集成型科学计算环境

Anaconda是广泛应用于科学计算和数据分析领域的Python发行版，集成了Python解释器、包管理工具以及大量常用的第三方库，例如NumPy、Pandas、Matplotlib等。同时，Anaconda还预装了JupyterNotebook等工具，便于实现“代码、文字说明与图表”相结合的交互式编程方式，适合用于记录实验过程、整理数据分析报告以及完成课程实验。

读者可访问Anaconda官方网站，进入下载页面后，根据所使用的操作系统选择对应的安装包，并按照安装向导完成安装。安装完成后，若能够正常启动AnacondaNavigator或JupyterNotebook，并成功运行简单的Python代码，即可认为环境配置基本完成。

（2）Trae：面向AI协作的轻量级开发工具

Trae是一款国内开发的轻量级编程环境，强调“AI原生支持”和“开箱即用”的特性。该工具将代码编辑、运行环境与大模型服务集成在同一界面中，读者可以通过自然语言描述需求，由内置大模型辅助生成示例代码，并给出相应解释。这种方式有利于初学者在不熟悉复杂环境配置的情况下，快速体验“人机协同编程”的过程。

读者可访问Trae官方网站，根据页面提示下载并安装客户端。首次进入工具时，系统通常会自动完成基础环境配置，读者只需在编辑区域编写或调用示例代码，即可完成基本的运行与调试操作。

（3）PyCharm：专业级集成开发环境

PyCharm是一款功能完善的专业Python集成开发环境，广泛应用于软件开发与工程实践。与前述工具相比，PyCharm更适合在掌握一定编程基础之后，用于开发结构化程度较高的项目。其主要特点包括：提供智能代码补全和语法高亮、支持断点调试与单步执行、具备项目管理与虚拟环境管理等功能。

读者可通过访问JetBrains官方网站获取PyCharm安装包，并根据操作系统选择适用版本。安装过程遵循通用的图形化安装向导，通常只需接受许可协议、选择安装路径并保持默认设置即可完成。首次启动PyCharm时，系统会引导完成基础配置，例如界面主题选择、插件建议等。完成初始配置后，读者即可创建新的Python项目，编写并运行示例程序。

本章小结

本章首先通过启蒙案例为读者构建了一个宏观坚实的认知框架，让读者在理论学习之前，直观感受用编程解决问题的流程与魅力。

其次，回溯了Python的发展历史，阐述了Python的核心特点，目的是让读者理解为何选择Python作为编程入门与未来实践的“利器”；剖析了计算思维的四大维度，旨在引导读者从学习者向问题解决者进行思维范式的转变。

再次，明晰了编程学习在AI时代的定位与不可替代的价值，其不仅是技能，更是构建个人核心竞争力、实现与AI高效协同的思维基石。

最后，介绍了Python开发环境的配置，演示了如何在集成开发环境中运行程序。

习题 1

一、基础题

使用print()函数输出一条完整的设备监测日志，格式要求如下：

【设备监测】编号：Exp-01，时间：2024-09-01 14:00，参数：温度，值：28.5℃，状态：正常

要求：使用IDLE编辑器完成代码编写，将文件保存为“CH1_ex1_device_log.py”，运行程序并验证输出结果是否符合格式要求。

二、进阶题

先定义3个变量以存储关键信息：变量 device_id="Exp-02"（设备编号）、变量 param="压力"（监测参数）、变量 value=0.75（参数值）；再通过变量与固定文本的拼接生成动态日志，格式要求如下：

【动态日志】设备：Exp-02，参数：压力，当前值：0.75 MPa，状态：正常

要求：使用f-string函数进行字符串格式化输出，用IDLE编辑器编写代码，将文件保存为“CH1_ex2_dynamic_log.py”，运行程序并验证输出结果：尝试修改变量value的值（如0.82），观察日志是否随变量动态变化。

第2章

Python 语法基础

本章主要内容

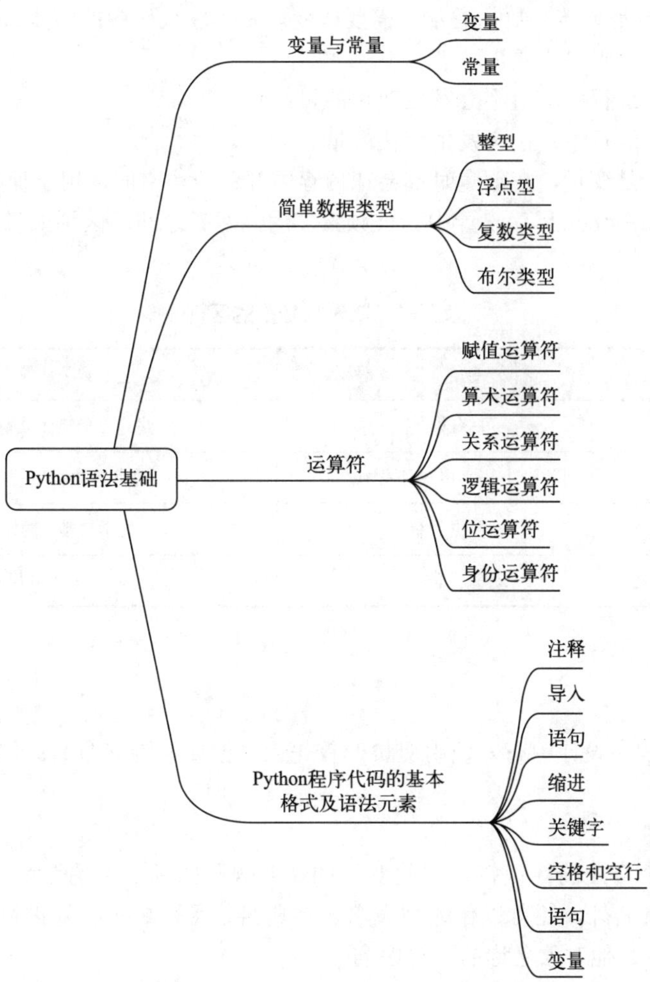

2.1 变量与常量

2.1.1 常量与变量的区别

【例2-1】常量与变量示例。

程序代码如下：

```
PI=3.14                                 #数学常数π
#变量（通常用小写字母命名，表示值可以改变）
radius=5                                #圆的半径（可以改变）
#使用常量计算圆的面积
circle_area=PI*radius*radius
print(f"半径为 {radius} 的圆面积是:{circle_area:.2f}")
```

在例2-1中，PI是数学常数，通常不需要改变，是程序代码中的常量；radius是圆的半径，可以改变，是程序代码中的变量。

常量：在程序运行中，值不会发生变化的量；

变量：在程序运行中，值会发生变化的量。

无论是常量还是变量，在创建时都会在内存中开辟一块空间，用于保存它的值。

常量和变量在Python程序设计中会被频繁使用，两者之间的区别如表2-1所示。

表2-1 常量与变量的区别

特性	变量	常量
可变性	可修改	约定不修改（实际可修改）
命名规范	通常为小写字母+下划线	通常全大写字母+下划线
典型用途	动态数据存储	数学常数/固定配置值
内存分配	动态分配	与变量相同

2.1.2 变量

要在Python程序设计中有效使用变量，首先应掌握如何为其命名；然后理解变量赋值，即创建的机制。

2.1.2.1 变量命名

变量名是一个合法的标识符，因此变量的命名规则同标识符的命名规则相同。标识符除了可以作为变量名外，还可以作为列表名、字典名、函数名等。标识符是用来标识变量、函数、类、模块或其他对象名称的字符序列。

在Python中，标识符的命名规则如下：首字符为英文字母、汉字或下划线，后续字符为汉字、英文字母、数字、下划线的字符序列。

在使用标识符时要注意：

① 避免使用Python语言中的保留关键字（如in）。

② 避免使用系统内置的函数名或模块名等（如str）和标准库的名字（如math）。

③ 长度要适中，过长或过短都不适合（过短通常意义不明确，过长则增加书写和阅读难度）。

④ 命名时选择能够清晰表达用途的名称，做到“见名知义”（如area）。

⑤ Python对大小写敏感（如stu和Stu是不同的标识符）。

【例2-2】 变量命名示例。

device_info、new_peak、pressure_data等是合法的好变量名；4V、stu-no、*sum等是不合法的变量名，不合法的原因有以数字或“*”开头、包含非法字符(-)；str（和内置函数同名）、a（没有明确含义）、number_of_students_in_the_classroom（名字过长）等是合法但不好的变量名。

2.1.2.2 变量的赋值

Python中的变量不需要声明类型，可以直接使用。例如，下面的age、course、score、dis 4个变量在使用前没有进行任何的诸如int、char、float等的类型声明：

```
age=4
course="Python"
score=[]
dis=9-5
```

在Python中，使用赋值运算符“=”给变量赋值。这里的“=”是赋值运算符，上面的age、course、score、dis 4个变量就通过“=”赋予了不同的值。

当执行“变量名=值”时，Python会在内存中创建对象（如果对象不存在），并将变量名作为标签绑定到该对象。在Python中，对象按其可变性分为可变对象与不可变对象。当变量绑定到不同类型对象时，其在赋值和修改时的行为特征截然不同，使用时需严格区分。

【例2-3】 不可变对象示例（数字、字符串、元组等是不可变对象）。

程序代码如下：

```
x=10                #创建对象10，x指向该对象
print(id(x))        #输出变量x所指向对象的内存地址
x=20                #创建新对象20，x指向新对象
print(id(x))        #输出变量x所指向的对象的内存地址，内存地址改变
```

【例2-4】 可变对象示例（列表、集合、字典等是可变对象）。

程序代码如下：

```
my_list=[1,2,3]
print(id(my_list))  #输出my_list指向的列表[1,2,3]的内存地址
my_list.append(4)   #对原有列表进行修改，不创建新对象
```

```
print(id(my_list))   #内存地址不变
```

说明：例2-3和例2-4中id()函数的功能是返回对象的内存地址。

每个变量在使用前都必须赋值，变量只有被赋值以后才会被创建。“=”的计算顺序是从右往左。

例如：

```
c=a+b  #先计算a+b的值，再赋值给c
```

Python要求变量必须先定义，后使用。只有通过“=”为变量赋值时，Python才会真正地创建该变量。如果试图使用一个从未被赋值过的名字，Python会因找不到该变量而报错："NameError: name '…' is not defined"。

例如：

```
print(score)          #NameError:name 'score' is not defined
ls.append(1)          #NameError:name 'ls' is not defined
```

在Python中，变量本身没有数据类型的概念，通常所说的“变量类型”是变量所引用的对象的类型，或者说是变量的值的类型。

【例2-5】变量类型示例。

程序代码如下：

```
temp=1
temp="xixi"
temp=[4,5,6]
temp={"k1":"v1"}
```

在例2-5中，变量temp本身只是一个标签（引用）。在代码运行过程中，该标签首先被贴到整数对象1上，随后被贴到字符串对象"xixi"上，接着又指向一个新的列表对象，最后绑定到一个字典对象。temp的类型随着其引用的对象而动态改变，这就是人们通常所说的“动态类型”。

2.1.3 常量

从本质上来说，常量是指程序运行期间其值不应该被改变的量。例如，常用的数学常数圆周率就是一个常量。在Python中，通常用全部为大写字母的变量名表示常量。例如：

```
PI=3.14159265359
```

但事实上，从语法角度看，PI仍然是一个变量，因为Python中没有提供常量的语法支持，即无法从语法角度保证PI不被改变，PI完全可以被赋予其他值（如Python或35.8等）。

2.2 简单数据类型

Python中的数据类型可分为简单数据类型[如整型、浮点型、布尔（boolean）类型、复数类型]和组合数据类型（如列表、字典、元组、集合等），如图2-1所示。本节仅介绍简单类型数据及其使用方法。

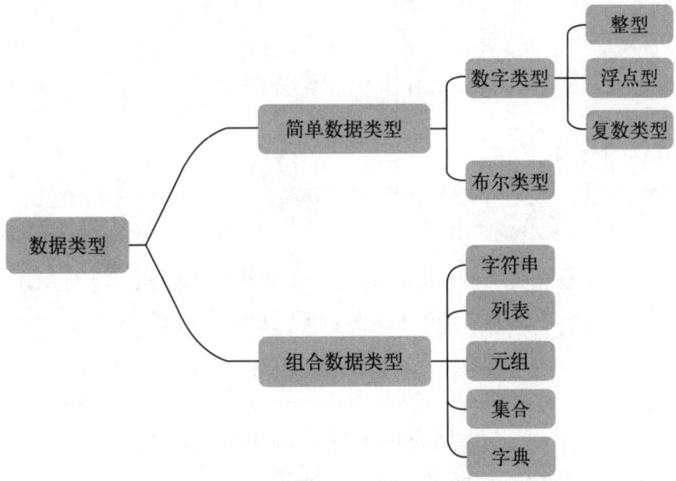

图2-1 Python中的数据类型

2.2.1 数字类型

表示数字或数值的数据类型称为数字类型。Python提供了3种数字类型：整型、浮点型和复数类型，分别对应数学中的整数、实数和复数。

2.2.1.1 整型

整型与数学中整数的概念一致，Python中的整数没有大小限制，可以表示任意大的数值，仅受机器内存限制。

整型共有4种进制表示：十进制、二进制、八进制和十六进制。默认情况下，整数采用十进制，使用其他进制时需要添加引导符号，如表2-2所示。其中，二进制数以0b或者0B引导，八进制数以0o或者0O引导，十六进制数以0x或者0X引导。

表2-2 整型的4种进制表示

进制表示	引导符号	说明
十进制	无	默认情况，如234、1515
二进制	0b或者0B	由字符0和1组成，如0b101、0B101
八进制	0o或者0O	由字符0～7组成，如0o171、0O171
十六进制	0x或者0X	由字符0～9、a～f、A～F组成，如0xABC、0XABC

【例2-6】分别用十进制、二进制、八进制、十六进制表示整数24。

程序代码如下：

```
data=24
data_b=0B11000
data_o=0O30
data_h=0X18
print(data,data_b,data_o,data_h)
```

程序运行结果如下：

```
24 24 24 24
```

程序分析：第1～4条语句（statements）分别用十进制、二进制、八进制和十六进制表示整数24，第5条语句使用print()函数将数据在输出设备（显示器）上以十进制格式进行显示。

Python提供了一系列内置函数来处理不同进制之间的转换，这些函数非常实用且易于使用。Python内置的核心进制转换函数如表2-3所示。

表2-3　Python内置的核心进制转换函数

函数	功能	示例输入	示例输出
bin(x)	将整数x转换成二进制字符串	bin（10）	'0b1010'
oct(x)	将整数x转换成八进制字符串	oct（10）	'0o12'
hex(x)	将整数x转换成十六进制字符串	hex（10）	'0xa'
int(x, base=10)	将给定的字符串x按照指定的进制base转换成十进制整数	int('1010',2)	10

在Python 2中，整型分为标准整型（int）和长整型（long），标准整型受系统架构限制（如32位操作系统上为-2^{31}～$2^{31}-1$），超出范围后会自动转换为带“L”后缀的长整型；Python 3将两者统一为单一的整型（int），消除了大小限制（仅受内存约束），不再使用“L”后缀，并优化了小整数的处理，同时改变了整数除法的行为（返回浮点数而非向下取整的整数）。

2.2.1.2　浮点型

浮点型与数学中实数的概念一致，表示带有小数部分的数值。Python要求所有浮点数必须带有小数部分，小数部分可以是0。

浮点数有两种表示方法：十进制表示法和科学记数法。

① 十进制数表示法：由整数部分、小数点和小数部分组成。需要注意的是，这里的小数点是不可或缺的，但小数部分可以省略，如6.31、631.、0.0、-137.8。

② 科学记数法（指数形式）：用aEb或aeb表示，等价于数学中$a\times10^b$。书写时，字母e

（或E）之前必须有数字，字母e（或E）之后可以有正负号，表示指数（必须为整数）的符号（如果没有符号，则默认为正号），如2019e3、1.07E-3。

浮点数还包含几个特殊值，即inf（正无穷大）、-inf（负无穷大）和NaN（非数字），主要用于处理数学计算中的边界情况或异常结果。

在Python中，浮点数的精度特性由IEEE 754标准决定，其理论有效数字为15～17位十进制数，但实际存储和运算中可能会因二进制转换和舍入误差导致最后一位不准确。

【例2-7】浮点数精度示例。

程序代码如下：

```
x=3.1415926535897924
print(x)
```

程序运行结果如下：

```
3.1415926535897922
```

由于浮点数的二进制表示和存储限制，某些十进制小数无法用二进制浮点数精确表示。这有时会引起一个非常常见且令人困惑的现象，如例2-8所示。

【例2-8】浮点数精度示例。

```
>>>0.1+0.2
0.30000000000000004
```

在例2-8中，数字0.1和0.2在十进制中是精确的，但在用二进制表示时是无限循环小数，当它们被截断以适应有限的64位存储时，会产生微小误差，因此0.1+0.2得到的结果为0.30000000000000004，与预期的0.3有细微差别。

由于浮点数精度的原因，对两个浮点数进行比较时，不能直接使用"=="进行比较，推荐使用例2-9给出的方法进行比较。

【例2-9】比较data1和data2两个浮点数。

方法1的程序代码如下：

```
import math
math.isclose(a,b)   #使用math库中的isclose()函数进行比较
```

采用isclose()函数进行比较时，如果结果为True，则表示两数相等；如果结果为False，则表示两数不相等。本例中，数学库math的导入方法和math库中函数的使用方法可参考第3章。

方法2的程序代码如下：

```
abs(data1-data2)<1e-5     #1e-5为容差，可根据实际情况进行调整
```

abs()函数的功能是计算绝对值，如果两数之差的绝对值小于指定数值（容差），则认为两数相等，否则两数不相等。

2.2.1.3　复数类型

Python 是少数几种内置复数类型的编程语言之一，这使其在科学计算、工程学和数学应用中特别有用。

在 Python 中，复数由实部和虚部组成，虚部以j或J结尾，如7.6+3.4j、-3.2+7J。

复数类型中，实部和虚部的数值都是浮点型。对于复数，可以用.real和.imag访问复数的实部和虚部，如例2-10所示。

【例2-10】复数访问示例。

```
z=3.5-6.7j
print(z.real,type(z.real))    #输出z的实部及实部的类型
print(z.imag,type(z.imag))    #输出z的虚部及虚部的类型
```

程序运行结果如下：

```
3.5 <class 'float'>
-6.7 <class 'float'>
```

type()函数的使用方法参考第3章。

在Python中，其他类型的数据也可以转换为数字类型。Python内置的类型转换函数如表2-4所示。

表2-4　Python内置的类型转换函数

函数	功能	示例输入	示例输出
int(x,base=10)	将参数x转换为整数	int("20") int(3.3) int("1010", 2) int(True)	20 3 10 1
float(x)	将参数x转换为浮点数	float (20) float("30") float(False)	20.0 30.0 0.0
complex(real[,imag])	创建复数	complex(3,4) complex (3) complex("3+0.8J")	3+4j 3+0j 3+0.8j

2.2.2 布尔类型

布尔类型是Python中基本的数据类型之一，它只有两个值：True和False，用于表示逻辑值“真”和“假”。布尔类型在条件判断、逻辑运算、循环控制等场景中具有关键作用。

在Python中，布尔类型是整型的一个子类：True在数值上等价于整数1，False在数值上等价于整数0。因此，可以将布尔类型转换为数字类型参与数值运算，如int(True)的值为1，int(False)的值为0。该特性使得布尔值能够直接参与算术运算和逻辑运算。

Python还允许将其他类型的值隐式地转换为布尔值，转换规则如下。

① 数字类型：非零值视为True，零值视为False。

② 容器类型：非空容器（如非空字符串、非空列表、非空元组、非空字典）视为True，空容器（空字符串、空列表、空字典、空集合）视为False。

Python内置的bool()函数可用于将其他类型的数据转换为布尔类型，如表2-5所示。

表2-5　Python内置的布尔类型转换函数

函数	功能	示例输入	示例输出

bool(x)	将参数 x 转换为布尔类型	`bool(0.0)`
		`bool(3+5j)`
		`bool([])`
		`bool("Happy")`
			`False`
			`True`
			`False`
			`True`

2.3 运算符

运算符与表达式构成了Python程序逻辑的基础架构。运算符是用于执行特定操作的符号；而表达式则由运算符、操作数和括号组合而成，能够计算并返回一个值。Python提供了丰富的运算符类型，包括算术运算符、关系运算符、逻辑运算符、赋值运算符、位运算符等。这些运算符具有明确的优先级规则，通过括号可以改变运算顺序，它们共同构成了Python灵活而强大的表达式系统，使开发者能够以简洁的语法实现复杂的计算和逻辑判断。

2.3.1 赋值运算符

“=”是Python中的赋值运算符，其功能是给变量赋值。“=”也可以与算术运算符组合构成复合赋值运算符。表2-6所示为赋值运算符和复合赋值运算符的使用方法。

表2-6　赋值运算符和复合赋值运算符的使用方法

赋值运算符	功能	示例
=	赋值运算符：右边的值赋给左边的变量	`a=4` `print(a)        # 输出 4`

+=	加法赋值运算符：左边的变量加上右边的值再赋给左边的变量	`a=2`
		`a+=32`
		`print(a)        # 输出 34`

续表

赋值运算符	功能	示例
-=	减法赋值运算符：左边的变量减去右边的值再赋给左边的变量	a=3 a-=2 print(a)　　# 输出 1
*=	乘法赋值运算符：左边的变量乘以右边的值再赋给左边的变量	a=5 a*=4 print(a)　　# 输出 20
/=	除法赋值运算符：左边的变量除以右边的值再赋给左边的变量	a=48 a/=6 print(a)　　# 输出 8
%=	取模赋值运算符：左边的变量除以右边的值取余数再赋给左边的变量	a=20+3 a%=11 print(a)　　# 输出 1
**=	幂赋值运算符：以左边变量为底数，以右边的值为指数，做幂运算将结果赋给左边的变量	a=4 a**=2*2 print(a)　　# 输出 256
//=	整除赋值运算符：左边的变量除以右边的值，取整数商赋给左边的变量	a=5 a//=3 print(a)　　# 输出 1

Python的同步赋值（也称为多重赋值或元组解包赋值）是一种通过单行代码同时为多个变量赋值的语法特性。其核心在于右侧表达式先被完整求值，再解包结果并赋值给左侧变量。

同步赋值的基本语法格式如下：

```
var1,var2,…,varN=expr1,expr2,…,exprN
```

同步赋值的执行过程如下：先求解“=”右侧表达式的值，并将这些值临时打包为元组，再将临时元组的值按位置赋给“=”左侧的变量。

【例2-11】同步赋值示例。

程序代码如下：

```
x,y=100,200
print("x={},y={}".format(x,y))
x,y=y,x
print("x={},y={}".format(x,y))
```

程序运行结果如下：

```
x=100,y=200
x=200,y=100
```

在例2-11中，第1行代码使用同步赋值给变量x和y同时赋值；第3行代码通过同步赋值实现了两个变量值的交换；第2、4行代码为print()函数（print()函数的具体用法参考第3章相关内容），用于在显示器上输出结果。

2.3.2 算术运算符

算术运算符用于执行基本的数学运算，支持整数、浮点数和复数类型的混合运算。算术表达式通常由常量、变量、函数、圆括号、算术运算符等组成，其运算规则遵循数学中的优先级和结合性，但也存在一些特殊规则（如负号处理、幂运算右结合性等）。算术运算符的使用方法如表2-7所示。

表2-7 算术运算符的使用方法

算数运算符	功能	示例
+	加法运算	a=4+3 print(a)　　# 输出 7
-	减法运算	a=4-3 print(a)　　# 输出 1
*	乘法运算	a=4*3 print(a)　　# 输出 12
/	除法运算	a=12/4 print(a)　　# 输出 3
//	整除运算，返回商的整数部分	a=4//3 print(a)　　# 输出 1
%	取余运算	a=5%3 print(a)　　# 输出 2
**	幂运算	a=4**3 print(a)　　# 输出 64

2.3.3 关系运算符

关系运算符（又称比较运算符）用于比较两个值之间的关系，求值结果为布尔值True或False。关系运算符在条件判断、循环控制和逻辑决策中起着关键作用。Python 提供了6种基本的关系运算符，其使用方法如表2-8所示。

表2-8 关系运算符的使用方法

关系运算符	功能	示例
==	等于，判断两个值是否相等	6==6　# 结果 :True
!=	不等于，判断两个值是否不相等	6!=4　# 结果 :True

续表

关系运算符	功能	示例
>	大于，判断左侧值是否大于右侧值	4>6 # 结果 :False
<	小于，判断左侧值是否小于右侧值	5<4 # 结果 :False
>=	大于等于，判断左侧值是否大于或等于右侧值	9>=2 # 结果 :True
<=	小于等于，判断左侧值是否小于或等于右侧值	7<=3 # 结果 :False

2.3.4 逻辑运算符

逻辑运算符在Python中用于组合多个条件或进行布尔逻辑运算，以实现复杂的条件判断逻辑，是控制程序流程的基础。Python 提供了3种基本的逻辑运算符：and（逻辑与）、or（逻辑或）和not（逻辑非），这些运算符用于组合条件表达式或布尔值，其求值结果为布尔值（True或False）。逻辑运算符的使用方法如表2-9所示。

表2-9 逻辑运算符的使用方法

逻辑运算符	功能	示例
and	逻辑与，如果两个操作数都为真，求值结果为 True，否则为 False	(6>4) and (3<1) # 结果 :False (6>4) and (3>1) # 结果 :True
or	逻辑或，如果两个操作数都为假，求值结果为 False，否则为 True	(6>4) or (3<1) # 结果 :True (6<4) or (3<1) # 结果 :False
not	逻辑非，如果操作数为 Ture，求值结果为 False；如果操作数为 False，求值结果为 True	not (6>4) # 结果 :False not (3<1) # 结果 :True

2.3.5 位运算符

位运算符在Python中用于对整数进行二进制位级别的操作，在性能优化和一些特定算法（如加密解密）中非常有用。Python提供了 6 种位运算符，其使用方法如表2-10所示。

表2-10 位运算的使用方法

<table>
<tr><th>位运算符</th><th>功能</th><th>示例</th></tr>
<tr><td>&</td><td>按位与，两位都为 1 时结果为 1</td><td>5&3 # 结果 :1</td></tr>
<tr><td>|</td><td>按位或，两位至少 1 位为 1 时结果为 1</td><td>5|3 # 结果 :7</td></tr>
<tr><td>^</td><td>按位异或，两位不同时结果为 1</td><td>5^3 # 结果 :6</td></tr>
<tr><td>～</td><td>按位取反，所有位取反</td><td>～3 # 结果 :-4</td></tr>
</table>

续表

位运算符	功能	示例
<<	左移	5<<2 # 结果 :20
>>	右移	15>>2 # 结果 :3

2.3.6 身份运算符

身份运算符是Python中专门用于判断两个变量是否引用同一个对象（内存地址是否相同）的运算符，而不是比较它们的值。Python 提供了2个身份运算符，其使用方法如表2-11所示。

表2-11 身份运算符及其功能

身份运算符	功能	示例及结果
is	检查两个变量是否指向内存中的同一对象(即内存地址是否相同)	data1=5 data2=5 data1 is data2 # 结果为 True
not is	检查两个变量是否指向内存中的不同对象(即内存地址是否不同)	ls1=[1,2,3] ls2=[1,2,3] ls1 is not ls2 # 结果为 True

【例2-12】身份运算符示例。

程序代码如下：

```
ls1=[1,2,3]
ls2=[1,2,3]
data1=15
data2=15
print(ls1 is ls2)          #False(不同对象，但值相同)
print(data1 is data2)      #True(同一对象)
print(ls1==ls2)            #True(值相等)
```

2.4 Python 程序代码的基本格式及语法元素

【例2-13】从键盘输入一个圆的半径，计算该圆的周长和面积并输出。

程序代码如下：

```
"""
这是一个计算圆的面积和周长的程序。
```

```
功能是从键盘接收用户输入的圆的半径，计算该圆的周长和面积并输出。
(这是一个多行注释/文档字符串)
"""
#导入math模块，以使用PI常数 (这是一个单行注释)
import math
#从键盘获取用户输入的半径，并转换为浮点数
radius=float(input("请输入圆的半径(必须为非负数):"))
#检查半径是否大于或等于0
if radius>=0:
    #计算圆的面积和周长
    area=math.pi*radius**2                    #**表示幂运算
    circumference=2*math.pi*radius
    #输出结果
    print(f"半径为 {radius} 的圆:")
    print(f"面积是:{area:.2f}")               #:.2f 表示保留两位小数
    print(f"周长是:{circumference:.2f}")
else:                                          #半径小于0时给出错误提示
    print("错误:半径不能为负数! ")
```

例2-13展示了一个计算圆的周长和面积的Python程序代码示例。该示例专为编程初学者设计，重点在于直观演示Python的基本程序结构和语法元素，读者无须深入理解每条语句的具体功能，通过整体观察来熟悉Python程序代码的基本格式和语法要素即可。

① 注释（comments）：代码中用于解释说明的文本，不会被解释器执行。Python中常用的注释有两种：单行注释和多行注释。

a. 单行注释：以“#”开头，“#”后的内容为注释内容。

b. 多行注释：可以用3个单引号（'''）或3个双引号（"""）包裹起来，也称文档字符串（docstring），通常用于模块、函数或类的开头，以描述其功能，如例2-13中程序起始位置的多行注释。

② 导入（imports）：导入Python中的标准库和第三方库，以便使用其中的功能，如例2-13中通过import导入了math库。

③ 语句（statements）：Python程序本质上是由一系列语句（赋值语句、分支语句、循环语句、函数定义语句等）构成的，书写时建议一行写一条语句，如例2-13中的“area=math.pi*radius**2”就是一条赋值语句。

④ 变量（variables）：可以看作数据的名字标签，如例2-13中的area、radius等均为变量。变量的使用方法参考2.1节。

⑤ 缩进：Python程序中的书写格式，为语法的一部分。缩进是Python的一个显著特征。在Python程序中，用缩进表示代码之间的层级关系，通常用4个空格表示一级缩进。缩进的核心作用包括：定义代码块（如if语句、for语句和函数定义def语句）；决定执行顺序，缩进层级结构决定代码的执行逻辑；强制可读，即代码的书写结构和逻辑结构完全相同。例如，例2-13中的if-else语句就使用了缩进。

⑥ 关键字：Python内部已经定义好的，具有特殊功能和含义的标识符。每个关键字都承担着特定的语法功能，用于定义程序的结构、逻辑、模式等，因此不能用作变量名、函数名等。可以通过导入keyword模块查看Python中的关键词，代码如下：

```
import keyword
print(keyword.kwlist)
```

⑦ 运算符：Python运算符是用于执行各种操作的符号，主要包括算术运算符（如+、-、*、/）、比较运算符（如==、>）、逻辑运算符（如and、or、not）、赋值运算符（如=、+=）、位运算符（如&、|）和身份运算符（如is），用于完成程序中的各种计算和逻辑判断任务。

⑧ 空行与空格：不是语法必需的，但其能分隔逻辑相关的代码块，让程序结构更清晰。

综上，Python程序的基本语法元素及作用如表2-12所示。

表2-12　Python程序的基本语法元素及作用

语法元素	功能
注释	对代码做出说明，提高程序可读性
导入	使用外部代码库
变量	存储数据
缩进	定义代码结构，明确代码的层级关系
关键字	预定义的具有特定功能的标识符
运算符	执行各种操作
空行与空格	分隔代码，提高程序可读性

本章小结

本章系统阐述了Python程序的基础语法要素。

首先，介绍了变量的命名规范及其“赋值即创建”机制；同时，说明了常量虽非语言强制，但通常通过全大写字母命名的约定来表示程序运行中不变的值。

其次，在数据类型方面重点讲解了4种基本内置类型：支持任意精度计算的整型（int）、用于近似表示实数的浮点型（float）、提供复数运算支持的复数类型（complex），以及作为逻辑判断基础的布尔类型。

再次，系统归纳了Python的常用运算符，包括赋值运算符、算术运算符、关系运算符、逻辑运算符、位运算符和身份运算符。

最后，以一个程序示例讲解了Python程序的基本格式和语法元素。

习题2

在线习题

编程题

1. 创建以下变量并打印它们的类型。

（1）整数25。

（2）浮点数3.14。

（3）字符串"HelloPython"。

（4）布尔值True。

（5）列表[1,2,3,4,5]。

2. 在Python开发环境中完成下面的计算并观察计算结果。

（1）0.1+0.1+0.1-0.3。

（2）0.3*3。

（3）0.6+0.4。

（4）1.2-0.8。

3. 类型转换。

（1）将整数100转换为浮点数并输出。

（2）将字符串“123”转换为整数并输出。

（3）将字符串“123”转换为布尔类型并输出。

（4）将12.45转换为整数和复数分别输出。

4. 数据运算。已知变量data=89，要求实用算术运算符分离出data的十位和个位并输出。

第3章

简单程序设计

本章主要内容

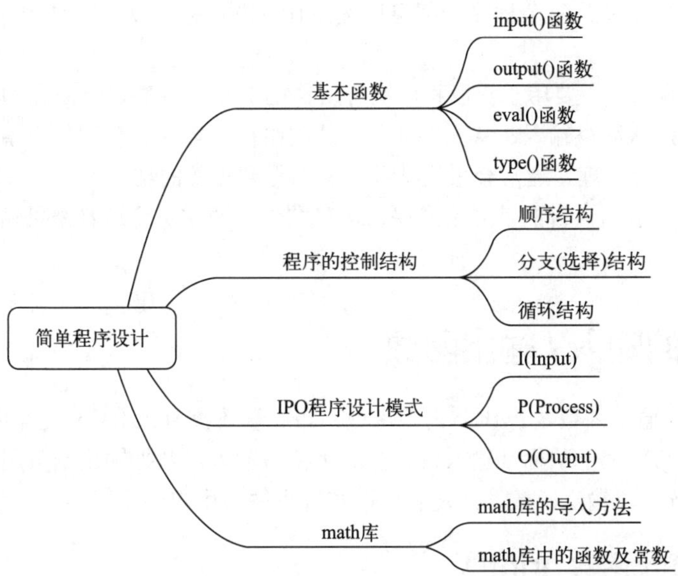

3.1 引例

【例3-1】将华氏温度转换为摄氏温度。

从键盘输入一个华氏温度，将其转换为摄氏温度并输出。华氏温度转换为摄氏温度的计算公式为$f=\frac{9}{5}c+32$，式中，c代表摄氏温度；f代表华氏温度。

程序代码如下：

```
c=eval(input("请输入摄氏温度："))
```

```
f=9/5*c+32
print("转换后的华氏温度为:{:.2f}".format(f))
```

程序运行结果如下：

```
请输入摄氏温度:30
转换后的华氏温度为:86.00
```

程序分析：第1条语句使用input()函数和eval()函数实现了从键盘输入摄氏温度并将其转换为数值的功能，即获取程序运行所需的数据的过程；第2条语句是对摄氏温度进行算术运算，将其转换为华氏温度，即对数据的处理过程；第3条语句是使用print()函数将运算结果在显示器上显示，即对结果的输出或保存的过程。

对于初学者而言，程序设计时可以采用IPO（input-process-output，输入-处理-输出）模式。IPO模式是程序设计中最基础、最经典的设计模式，特别适合初学者理解和应用。IPO模式将程序分解为3个明确的阶段：输入、处理和输出，形成清晰的数据处理流水线。无论是简单程序还是复杂程序，都可以按照IPO模式进行设计。对IPO模式的具体说明如下。

① I：数据输入，主要用于获取程序运行所需的数据。程序运行所需的数据最主要的来源为输入，可以是从键盘输入、从文件输入、从网络接口输入、从硬件设备输入等。

② P：对数据的处理，通常会采用某种算法以得到想要的结果。

③ O：数据的输出，目的是展示或保存运算结果，通常是将运算结果输出至显示器、文件等。

3.2 数据的输入/输出函数

数据的输入/输出函数是Python内置函数，可在脚本文件或IDLE交互环境中直接调用。其中，数据输入函数用于从标准输入设备获取字符串输入，数据输出函数用于向显示器输出信息。通过数据输入/输出函数，开发者可以实现程序与用户的交互。

3.2.1 数据输出函数print()

数据输出函数print()的功能是在显示器上输出指定的数据。print()函数的基本语法格式如下：

```
print(value,…,sep=' ',end='\n',file=sys.stdout,flush=False)
```

print()函数的参数说明如下。

① value：输出的信息，可以是值、变量，可以是一个或者多个（如果为多个，应用逗号隔开）。

② sep：指定输出数据之间的分隔符，默认为空格。可通过更改sep参数来更改输出数据之间的分隔符。

③ end：指定输出所有数据之后的结束符，默认为换行符。可通过更改end参数更改输出数据的结束符。

④ file：指定数据输出的去向，默认值为sys.stdout，表示系统的标准输出设备，即显示器。

⑤ flush：指定数据是立刻输出还是输出到缓冲区，默认值为False，表示立刻输出。

【例3-2】print()函数使用示例。

程序代码如下：

```
user='Tom'
course='Python语言程序设计'
grade=88
print(user,course,grade)
print(1,2,3,sep='\n',end='.')
```

程序运行结果如下：

```
Tom Python语言程序设计 88
1
2
3.
```

3.2.2 格式化输出函数str.format()

Python提供了一个输出格式化字符串的函数，即str.format()函数。str.format()函数的基本语法格式如下：

```
str.format(para1,para2, ...)
```

其中，str为模板字符串，para1、para2为参数。str.format()函数中出现的参数序号默认为0、1、2、…，即para1参数的序号为0，para2参数的序号为1，以此类推。

模板字符串由一系列“{}”组成，用来输出各种格式的字符串。“{}”内部的格式如下：

```
{序号:格式控制标记}
```

① 序号：值为0、1、2等，可不写。不写序号时，按照str.format()函数中参数出现的顺序指定格式输出参数；有序号时，则按照指定格式输出str.format()函数中相同序号的参数。

② “:”：格式引导符，表示格式说明的开始。

③ 格式控制标记：内容是可选的，可以根据实际需要进行设置。格式控制标记说明如表3-1所示。

表3-1 格式控制标记说明

格式控制标记	功能	备注
填充	在预留序列填充的单个字符	可以是“*”“#”等字符

续表

格式控制标记	功能	备注
对齐方式	输出字符串在预留序列中的对齐方式	<：左对齐。 >：右对齐。 ^：居中对齐
宽度	给输出参数预留的输出宽度	整数值
,	千分位分隔符	一般用于整数和浮点数
精度	浮点数小数部分的精度或 字符串最大输出长度	整数值
类型	指明整数或浮点数的输出类型	整数的输出类型如下。 b：输出整数对应的二进制数值。 c：输出整数对应的 Unicode 编码。 d：输出整数对应的十进制数值（默认）。 o：输出整数对应的八进制数值。 x：输出整数对应的小写十六进制数值。 X：输出整数对应的大写十六进制数值。 浮点数的输出类型如下。 e：输出浮点数对应的小写字母 e 指数形式数值。 E：输出浮点数对应的大写字母 E 指数形式数值。 f：输出浮点数的标准浮点形式数值。 %：输出浮点数对应的百分数形式数值

【例 3-3】str.format() 函数使用示例。

程序代码如下：

```
>>>string="China"
>>>print("{:15}".format(string))
China
>>>print("{:>15}".format(string))
          China
>>>print("{:*>15}".format(string))
**********China
>>>print("{:@^15}".format(string))
@@@@@China@@@@@
>>>pi=3.1415926
>>>print("{:.2f}".format(pi))
3.14
>>>print("{:e}".format(pi))
3.141593e+00
>>>print("{:%}".format(pi))
314.159260%
>>>num=100
```

```
>>>print("{:x}".format(num))
64
>>>print("张三的英语成绩为:{},张三的高数成绩为:{}。".format(78,86))
张三的英语成绩为:78,张三的高数成绩为:86。
>>>print("张三的英语成绩为:{1},张三的高数成绩为:{0}。".format(78,86))
张三的英语成绩为:86,张三的高数成绩为:78。
```

3.2.3 格式化输出函数 f-string

f-string是Python 3.6引入的一种字符串格式化方法。f-string()函数简单、直观、高效，是目前最推荐的字符串格式化方式。字符串格式化能让变量值和固定文本完美地融合在一起。

f-string函数的基本语法格式如下：

```
f"固定文本1{变量名}固定文本2"
```

其中，f代表format（格式化）；字符串前加f或F前缀；在字符串内部使用{ }包围变量名或表达式。

f-string格式化输出的基本语法格式如下：

```
print(f"固定文本1{变量名}固定文本2")
```

其中，f是最关键的部分。在字符串的引号前面加上f，就相当于告诉Python这是一个f-string，请对“{}”中的内容进行特殊处理。字符串中“{}”以外的文本内容会原封不动地输出，而“{}”内的变量或表达式的值会替换到“{}”的位置上。

“{}”处的基本语法格式如下：

```
{变量名:格式控制标记}
```

【例3-4】f-string函数使用示例。

程序代码如下：

```
>>>length=10
>>>width=5
>>>print(f"长方形的面积是:{length*width}")
长方形的面积是:50
>>>pi=3.1415926
>>>print(f"圆周率保留两位小数:{pi:.2f}")
圆周率保留两位小数:3.14
>>>course="Python"
>>>print(f"|{course:>10}|")
|    Python|
```

```
>>>print(f"|{course:<10}|")
|Python    |
>>>print(f"|{course:^10}|")
|  Python  |
>>>vibration=5.2
>>>print(f"振动{vibration}mm/s!")
振动5.2mm/s!
```

3.2.4 数据输入函数 input()

input() 函数的功能是从标准输入设备（一般为键盘）获得用户输入，实现用户和程序的交互。input() 函数的基本语法格式如下：

```
变量=input(<提示字符串>)
```

input() 函数的执行过程如下：首先向显示器输出提示字符串，然后程序暂停，等待用户输入；待用户完成输入并按Enter键后，输入的内容将以字符串的形式赋给变量。如果需要数值型数据，可使用int()、float()、eval() 函数进行类型转换。

【例3-5】 input() 函数使用示例。

程序代码如下：

```
num=input("请输入产品数量")
price=input("请输入产品单价")
print(num)
print(price)
print(type(num))
print(type(price))
```

程序运行结果如下：

```
请输入产品数量10
请输入产品单价8.5
10
8.5
<class 'str'>
<class 'str'>
```

程序分析：本例将input() 函数输入的信息用print() 函数在显示器上进行了输出。本例中使用了type() 函数，type() 函数是Python的一个内置函数，用于获取对象或数据的类型。type() 函数的最常见用法就是type(object)，其中object可以为任意对象，type(object) 用于获取对象object的类型。

例3-5的运行结果表明，使用input()函数输入的对象类型为字符串类型。

3.3 eval()函数

【例3-6】简单数据处理。要求用户从键盘输入一个数，将该数乘以2后再输出。

程序代码如下：

```
data=input("请输入一个数据：")
result=data*2
print(result)
```

程序运行结果如下：

```
请输入一个数据：50
5050
```

程序分析：当从键盘输入数据50后，50乘以2的运行结果是5050而不是100。之所以出现该结果，是因为input()函数输入的对象的类型为字符串类型，而此处运算实际需要的是数字类型。

针对上述情况，可以利用eval()函数实现从字符串类型到数字类型的转换。

eval()函数是Python的一个内置函数，其功能是执行一个字符串表达式，并返回表达式的值。eval()函数最常见的用法是eval（expression），其中expression为字符串表达式。

例如：

```
>>>eval('2.5')
2.5
>>>a=3
>>>eval('a*2')
6
>>>eval("5*1"+"3")
65
```

eval()函数与input()函数结合，可以获得用户从键盘输入的值。通常使用eval()函数将input()函数输入的字符串信息转换为数值后进行处理。

【例3-7】简单数据处理。要求用户从键盘输入一个数，将该数乘以2后再输出。

程序代码如下：

```
#使用eval()函数将input()函数输入的字符串转换为数值
data=eval(input("请输入一个数据："))
result=data*2
```

```
print(result)
```

程序运行结果如下:

```
请输入一个数据:50
100
```

如果需要一次从键盘获得多个输入，可采取以下两种方法：使用多个input()函数或一个input()函数。

【例3-8】输入两个数值并赋给变量a和b。

方法1：使用2个input()函数输入2个值，示例代码如下。

```
a=eval(input("请输入变量a的值"))
b=eval(input("请输入变量b的值"))
print("a的值是{}，b的值是{}。".format(a,b))
```

程序运行结果如下:

```
请输入变量a的值3
请输入变量b的值5
a的值是3,b的值是5。
```

方法2：使用1个input()函数输入2个值，示例代码如下。

```
a,b=eval(input("请输入变量a和b的值"))
print("a的值是{},b的值是{}。".format(a,b))
```

程序运行结果如下:

```
请输入变量a和b的值3,5
a的值是3,b的值是5。
```

说明：一次输入多个数值时，数据的天然分隔符为“,”。

3.4 顺序结构程序设计

在进行程序设计时，程序结构指的是程序代码的组织方式，即程序的执行流程。顺序结构、分支结构和循环结构是结构化程序设计中程序的3种基本结构，本节只介绍顺序结构，分支结构和循环结构分别在第4章和第5章进行介绍。顺序结构是结构化程序设计中最简单、最基础的一种结构，按照程序代码的编写顺序执行程序，每条语句只执行一次，没有跳转和重复。

【例3-9】从键盘输入一个圆的半径r，计算圆的周长及面积并输出。

程序代码如下:

```
r=eval(input("请输入圆的半径:"))
c=2*3.14*r
area=3.14*r**2
print("圆的周长是:{:.2f}。\n圆的面积是:{:.2f}。".format(c,area))
```

程序运行结果如下：

```
请输入圆的半径:5
圆的周长是:31.40。
圆的面积是:78.50。
```

【例3-10】加权平均成绩计算。要求从键盘输入某学生的高等数学、英语、Python语言程序设计3门课程的成绩，高等数学、英语、Python语言程序设计3门课程的学分分别为4、3.5和2，要求计算该学生的加权平均成绩并输出。

分析：加权平均成绩的计算公式为

$$\text{加权平均成绩}=\frac{\sum_{k}\text{课程成绩}\times\text{课程学分}}{\sum_{k}\text{课程学分}}。$$

程序代码如下：

```
math,english,python=eval(input("请输入高等数学，英语和Pyhon成绩，以,隔开:"))
sum=math*4+english*3.5+python*2
aver=sum/(4+3.5+2)
print("该学生的加权平均成绩是:{:.2f}。\n".format(aver))
```

程序运行结果如下：

```
请输入高等数学，英语和pyhon成绩，以,隔开:85,82,90
该学生的加权平均成绩是:84.95。
```

【例3-11】找零计算。从键盘输入顾客支付的购物款数额和购买商品的应付款数额，计算需要找还顾客的钱款数额及各种类型纸币的张数（找零的原则为尽量找最大额的纸币）。假设顾客支付的购物款和商品的应付款均为整数（单位为元）。

分析：找零的纸币可以是50元、20元、10元、5元和1元，按照找零原则，需要从找零的大额纸币数量开始计算。

程序代码如下：

```
pay,acc=eval(input("请输入付款额和应付款，以,隔开:"))
change=pay-acc                          #pay是付款额，acc是应付款
num50=change//50
num20=(change-num50*50)//20
```

```
num10=(change-num50*50-num20*20)//10
num5=(change-num50*50-num20*20-num10*10)//5
num1=(change-num50*50-num20*20-num10*10-num5*5)
print("应找零钱数为:{}。\n50元纸币的数量为{}张。\n20元纸币的数量为{}张。\n10元纸币的数量为{}张。\n5元纸币的数量为{}张。\n1元纸币的数量为{}张。\n".format(change,num50,num20,num10,num5,num1))
```

程序运行结果如下:

```
请输入付款额和应付款,以,隔开:500,427
应找零钱数为:73。
50元纸币的数量为1张。
20元纸币的数量为1张。
10元纸币的数量为0张。
5元纸币的数量为0张。
1元纸币的数量为3张。
```

【例3-12】实验室需要测量某量筒内的液体体积(单位:mL),为减少误差,通常测量3次后取平均值。从键盘输入3次量筒内液体体积的测量值,计算量筒内液体的体积并输出。

程序代码如下:

```
#步骤1:读取3次液体体积读数
vol1=float(input("第1次读数:"))
vol2=float(input("第2次读数:"))
vol3=float(input("第3次读数:"))
#步骤2:计算平均体积(保留2位小数)
avg_vol=round((vol1+vol2+vol3)/3,2)
#步骤3:输出最终结果
print(f"三次读数:{vol1} mL、{vol2} mL、{vol3} mL")
print(f"最终平均体积:{avg_vol} mL")
```

程序运行结果如下:

```
第1次读数:997
第2次读数:995
第3次读数:989
三次读数:997.0 mL、995.0 mL、989.0 mL
最终平均体积:993.67 mL
```

3.5 math 库

math库是Python内置的一个标准函数库，其中提供了众多的数学函数，如三角函数、幂对数函数、数值表示函数、高等特殊函数和一些数学常量（如圆周率、自然对数函数的底数e等）。用户可以通过调用math库中的函数实现一些复杂的运算。

3.5.1 math 库概述

（1）math库中有4个常用的数学常量，如表3-2所示。

表3-2 math库中常用的数学常量

数学常量	功能
math.pi	圆周率 π，值为 3.141592653589793
math.e	自然对数函数的底数 e，值为 2.718281828459045
math.inf	正无穷大 ∞，负无穷大表示为 -math.inf
math.nan	非浮点数标记

（2）math库中常用的数值表示函数如表3-3所示。

表3-3 math库中常用的数值表示函数

数值表示函数	功能
math.ceil(x)	向上取整，返回不小于 x 的最小整数
math.comb(m,n)	组合数C_m^n，其中 m、n 为整数
math.copysign(x,y)	用数值 y 的符号乘以 x，结果为浮点数
math.dist(p,q)	返回 p、q 两点之间的欧氏距离
math.fabs(x)	返回 x 的绝对值，结果为浮点数
math.factorial(m)	返回 $m!$，其中 m 为整数
math.floor(x)	向下取整，返回不大于 x 的最大整数
math.fmod(x,y)	返回 $x\%y$，结果为浮点数
math.frexp(x)	$x=m\times2^e$, 以 (m,e) 对的形式返回 x 的尾数和指数。当 $x=0$ 时，返回 (0.0,0)
math.fsum(iterable)	返回可迭代对象中值的总和
math.fgcd(m,n)	返回 m 和 n 的最大公约数，其中 m、n 为整数
math.isclose(x,y)	比较 x 和 y 的相似性，x 和 y 的值接近 (默认差值的绝对值小于 10^{-9}) 返回 True，否则返回 False
math.isfinite(x)	如果 x 既不是无穷大也不是 NaN，则返回 True，否则返回 False
math.isinf(x)	如果 x 是正无穷大或负无穷大，则返回 True，否则返回 False
math.isnan(x)	如果 x 是 NaN，则返回 True，否则返回 False
math.ldexp(x,m)	返回 $x\times2^m$，其中 m 为整数

续表

数值表示函数	功能
math.modf(x)	返回 (z,a), 其中 *z* 为 *x* 的小数部分，*a* 为 *x* 的整数部分。两个结果都是带有 x 的符号，并且是浮点数
math.modf(m,n)	返回排列数 P_m^n
math.prod(iterable)	返回可迭代变量 iterable 中所有元素的乘积
math. remainder (x,y)	返回 $x-n\times y$，其中 *n* 是与商 *x/y* 最接近的整数
math.trunc(x)	返回 *x* 的整数部分

例如：

```
>>>import math
>>>print(math.prod((5,3,2)))
30
>>>print(math.trunc(4.8))
4
>>>print(math.sqrt(4.8))
2.1908902300206643
>>>print(math.gcd(75,50))
25
>>>print(math.dist((1,1),(2,2)))
1.4142135623730951
```

（3）math 库中常用的幂函数和对数函数如表 3-4 所示。

表 3-4　math 库中常用的幂函数和对数函数

函数	功能
math.exp(x)	返回 e^x，其中 e 是自然对数
math.expm1(x)	返回 e^x-1，其中 e 是自然对数
math.isqrt(m)	返回非负整数 *m* 的整数平方根
math.log(x[,base])	返回 $\log_{base}x$。只给出参数 x 时，返回 $\ln x$
math.log1p(x)	返回 $\ln(x+1)$
math.log2(x)	返回 $\log_2 x$
math.log10(x)	返回 $\log_{10} x$
math.sqrt(x)	返回非负数 *x* 的平方根
math.pow(x,y)	返回 x^y

例如：

```
>>>import math
>>>print(math.exp(2))
7.38905609893065
>>>print(math.sqrt(2))
1.4142135623730951
>>>math.log(100,10)
2.0
>>>math.log1p(math.e-1)
1.0
```

（4）math库中常用的三角运算函数如表3-5所示。

表3-5 math库中常用的三角运算函数

函数	功能
math.acos(x)	返回 arccos x，其中 x 是弧度值
math.asin(x)	返回 arcsin x，其中 x 是弧度值
math.atan(x)	返回 arctan x，其中 x 是弧度值
math.atan2(y,x)	返回 arctan (y/x)，结果为弧度值
math.cos(x)	返回 cos x，其中 x 是弧度值
math.sin(x)	返回 sin x，其中 x 是弧度值
math.tan(x)	返回 tan x，其中 x 是弧度值
math.degrees(x)	将角度 x 从弧度值转换为角度值
math.radians(x)	将角度 x 从角度值转换为弧度值

例如：

```
>>>import math
>>>math.tan(0.7853981633974483)
0.9999999999999999
>>>math.degrees(3.14)
179.9087476710785
>>>math.radians(90)
1.5707963267948966
```

（5）math库中常用的双曲函数如表3-6所示。

表3-6 math库中常用的双曲函数

函数	功能
math.acosh(x)	返回 x 的反双曲余弦值

续表

函数	功能
math.asinh(x)	返回 x 的反双曲正弦值
math.atanh(x)	返回 x 的反双曲正切值
math.cosh(x)	返回 x 的双曲余弦值
math.sinh(x)	返回 x 的双曲正弦值
math.tanh(x)	返回 x 的双曲正切值

3.5.2 math 库的导入及使用方法

标准函数库内的函数不能直接使用，而是需要先使用关键字import导入标准库。本小节以math库为例，介绍标准函数库的导入及使用方法。

3.5.2.1 使用 import 导入整个 math 库

使用import导入整个math库的基本语法格式如下：

```
import math
```

使用该方法导入math库时，math库中所有的常数和函数将一次性全部导入，此时math库中函数的使用方法如下：

```
math.函数名()
```

例如：

```
>>>import math
>>>math.fabs(-5.89)
5.89
```

3.5.2.2 使用 from…import 导入 math 库中的特定函数

使用from…import导入math库中特定函数的基本语法格式如下：

```
from math import 函数名
```

使用该方法导入时，只有指定的函数被导入使用，其余常数和函数未被导入不能被使用。被导入的函数使用方法如下：

```
函数名()
```

例如：

```
>>>from math import comb
>>>comb(5,3)
10
```

使用from…import导入math库的另一种语法格式如下：

```
from math import*
```

使用该种方式导入math库时，math库中所有的常数和函数均被导入，可以使用。

例如：

```
>>>from math import*
>>>sin(3.14/6)
0.4997701026431024
```

3.5.2.3 使用import…as导入整个math库

使用import…as导入整个math库的基本语法格式如下：

```
import math as 别名
```

使用该方法导入math库时，math库中的常数和所有函数均被导入，同时给math库起了一个别名。此时math库中函数的使用方法如下：

```
别名.函数名()
```

例如：

```
>>>import math as M
>>>M.sqrt(4)
2.0
```

【例3-13】三角形面积计算。要求从键盘输入一个三角形的3条边长，求该三角形的面积并输出。根据海伦公式，三角形的面积计算公式为 $area=\sqrt{s(s-a)(s-b)(s-c)}$，其中 $s=\frac{1}{2}(a+b+c)$。

程序代码如下：

```
import math
a,b,c=eval(input("输入三角形的三边长，以,隔开:"))
s=(a+b+c)/2
area=math.sqrt(s*(s-a)*(s-b)*(s-c))
print("三角形的面积是:{:.2f}".format(area))
```

程序运行结果如下：

```
输入三角形的三边长，以,隔开:3,4,5
三角形的面积是:6.00
```

本章小结

本章详细解析了程序设计中常用的基本函数：input()函数，print()函数，eval()函数和type()函数。然后讲解了顺序结构程序的设计方法，最后介绍了python标准库中的数学计算模块math，通过实例演示了math库的引入方法及math库中函数的使用方法。

习题3

在线习题

编程题

1. 在显示器上输出如下结果。

```
**********************
I am a good student!
**********************
```

2. 人民币兑换美元。要求从键盘输入人民币数量，查询当前汇率，输出能兑换的美元数量。

3. 要求从键盘输入一个球体的半径r，计算球体的表面积和体积并输出。

4. 要求从键盘输入平面坐标系中的两点$A(x_1,y_1)$和$B(x_2,y_2)$，计算两点之间的距离并输出。（要求使用math库中的sqrt()函数）

5. 要求从键盘输入一个包含3位数的正整数，计算该数的百位数、十位数和个位数的数码并输出。

第4章

分支结构程序设计

本章主要内容

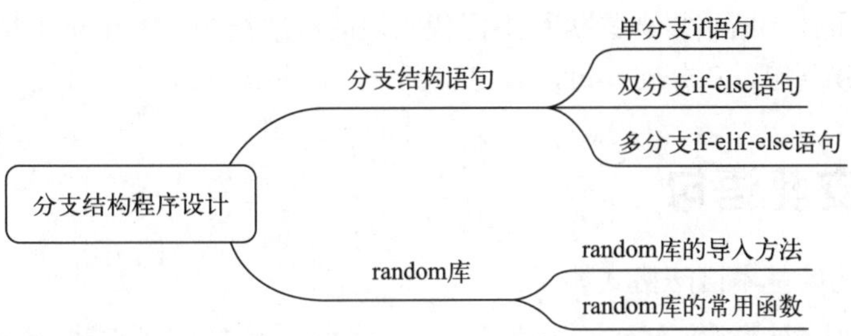

4.1 引例

【例4-1】 要求从键盘输入一个三角形的3条边长，计算三角形的面积并输出。根据海伦公式，三角形的面积计算公式为 $area=\sqrt{s(s-a)\ (s-b)\ (s-c)}$ ，其中 $s=\frac{1}{2}(a+b+c)$ 。

分析：本例在第3章已经讲解过，本章将对其进行改进，当用户输入三角形的3边长后，程序要进行判断，如果输入的3边长能够构成三角形，则计算三角形的面积并输出；如果输入的3边长不能构成三角形，则输出提示语“输入的3边长构不成三角形”。

程序代码如下：

```
import math
a,b,c=eval(input("输入三角形3边长，以","隔开\n"))
if a+b>c and a+c>b and b+c>a:   #输入的3边长能构成三角形
    s=(a+b+c)/2
    area=math.sqrt(s*(s-a)*(s-b)*(s-c))
    print("三角形的面积是:{:.2f}".format(area))
else:                               #输入的3边长不能构成三角形
```

```
    print("输入的3边长构不成三角形")
```

程序运行结果如下。

情况1：

```
输入三角形3边长，以","隔开
3,4,5
三角形的面积是:6.00
```

情况2：

```
输入三角形3边长，以","隔开
5,6,1
输入的3边长构不成三角形
```

本例中使用if-else语句构成了分支结构。分支结构是程序设计中非常重要的控制结构之一，是一种根据条件判断结果选择执行不同代码块的程序结构。Python中用于构成分支结构的语句有单分支if语句、双分支if-else语句和多分支if-elif-else语句。

4.2 单分支 if 语句

单分支if语句的基本语法格式如下：

```
if <条件>:
   <语句块>
```

if语句的执行流程如图4-1所示。

执行if语句时，首先对条件进行判断，如果条件成立，即结果为True，则执行语句块里的语句序列；如果条件不成立，即结果为False，则语句块里的语句会被跳过。

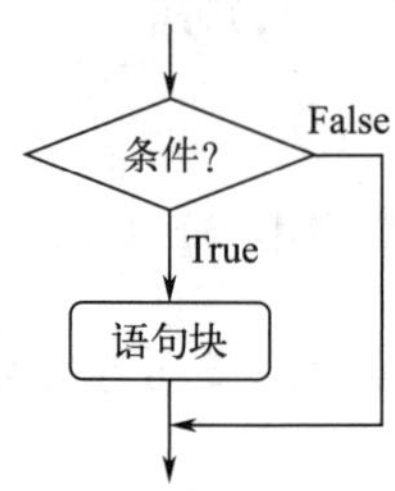

图4-1 if语句的执行流程

【例4-2】从键盘输入一个字符，判断该字符是否为数字字符，如果是数字字符，则输出“DIGIT”。

分析：输入的字符范围如果为数字字符0～9，则该字符为数字字符。

程序代码如下：

```
ch=input("输入一个字符")
if '0'<=ch<='9':  #输入的字符是数字字符
    print("DIGIT")
```

程序运行结果如下：

```
输入一个字符0
```

```
DIGIT
```

【例4-3】从键盘输入一个百分制分数，将其转换为五级分制成绩并输出。

分析：百分制成绩和五级分制成绩对照如表4-1所示。

表4-1 百分制成绩和五级分制成绩对照

百分制成绩	五级分制成绩
[90,100]	优秀
[80,90)	良好
[70,80)	中等
[60,70)	及格
[0,60)	不及格

程序代码如下：

```
score=eval(input("请输入一个学生的百分制成绩"))
if 90<=score<=100:
    print("优秀")
if 80<=score<90:
    print("良好")
if 70<=score<80:
    print("中等")
if 60<=score<70:
    print("及格")
if 0<=score<60:
    print("不及格")
if score<0 or score>100:
  print("非法分数")
```

【例4-4】从键盘输入两个数a和b，要求按照从小到大的顺序输出。

分析：当$a \leqslant b$时，输出a和b；当$a>b$时，a和b进行交换后输出a和b。

程序代码如下：

```
a,b=eval(input("请输入两个数"))
if a>b:
    a,b=b,a
```

```
print("从小到大的顺序是{}，{}。".format(a,b))
```

4.3 双分支 if-else 语句

双分支if-else语句的基本语法格式如下：

```
if<条件>:
   语句块1
else:
   语句块2
```

if-else语句的执行流程如图4-2所示。

执行if-else语句时，首先对条件进行判断，如果条件成立，即结果为True，则执行语句块1里的语句序列；如果条件不成立，即结果为False，则执行语句块2里的语句序列。

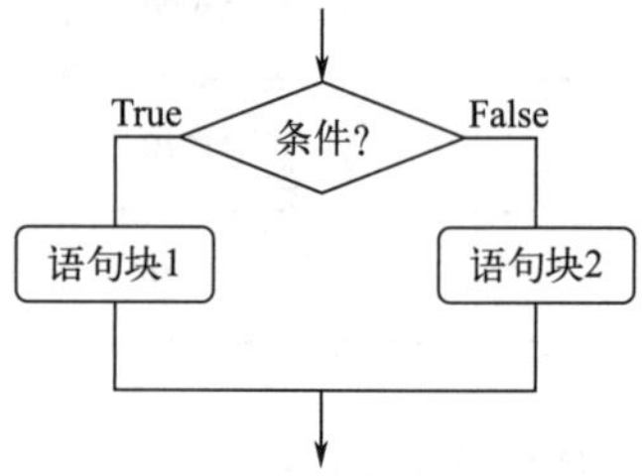

图4-2　if-else语句的执行流程

【例4-5】 从键盘输入一个学生的“Python语言程序设计”课程的成绩，如果输入的成绩大于或等于60，则输出“PASS”，否则输出“FAILURE”。

程序代码如下：

```
score=eval(input("请输入一个学生的百分制成绩"))
if score>=60:
    print("PASS")
else:
    print("FAILURE")
```

【例4-6】 从键盘输入一个整数，判断该数是奇数还是偶数。

分析：对于输入数据data奇偶的判断，可以使用“%”运算符。如果data%2的结果为0，则该数是偶数，否则该数为奇数。

程序代码如下：

```
data=eval(input("请输入一个整数"))
if data%2==0:
    print(data,"是偶数。")
else:
    print(data,"是奇数。")
```

【例4-7】 实验室测量量筒中液体体积（单位：mL）的标准流程如下：先进行3次

读数，计算3次读数的偏差（最大值-最小值）。若偏差≤2mL，则说明误差在允许范围内，取平均值作为最终结果；若偏差>2mL，则说明操作存在问题，需重新测量。通过if-else语句可自动判断误差是否合格，以避免用错误数据计算结果。

程序代码如下：

```
#步骤1:采集3次液体体积读数
vol1=float(input("第1次读数:"))
vol2=float(input("第2次读数:"))
vol3=float(input("第3次读数:"))
#步骤2:计算3次读数偏差
max_vol=max(vol1,vol2,vol3)
min_vol=min(vol1,vol2,vol3)
vol_diff=max_vol-min_vol
#步骤3:判断偏差是否合格(≤2mL为合格)
print(f"3次读数:{vol1} mL、{vol2} mL、{vol3} mL")
print(f"3次读数偏差(最大值-最小值):{vol_diff:.2f} mL")
if vol_diff <=2:      #分支1:偏差合格，计算并输出平均值
    avg_vol=round((vol1+vol2+vol3)/3,2)
    print(f"误差合格(≤2mL)，最终平均体积:{avg_vol} mL")
else:                 #分支2:偏差超标，提示重新测量
    print(f"误差超标(>2mL)!可能存在操作误差，请重新测量")
```

双分支语句还有一种简洁的表达形式，其基本语法格式如下：

```
<表达式1>if <条件>else <表达式2>
```

其执行流程如下：对条件进行判断，若条件为真，则取表达式1的值；若条件为假，则取表达式2的值。

【例4-8】从键盘输入两个数a和b，比较两个数并输出其中较大数的值。

程序代码如下：

```
a,b=eval(input("请输入两个数"))
max=a if a>=b else b
print("{}和{}中较大的数是{}。".format(a,b,max))
```

4.4 多分支 if-elif-else 语句

多分支if-elif-else语句的基本语法格式如下：

```
if <条件1>:
  语句块1
```

```
elif <条件2>:
   语句块2
…
else:
   语句块n
```

if-elif-else语句的执行流程如图4-3所示。

执行if-elif-else语句时，首先对条件1进行判断，如果条件1成立，则执行语句块1里的语句序列；如果条件1不成立，则对条件2进行判断，如果条件2成立，则执行语句块2里的语句序列；如果条件2不成立，则继续判断条件3……如果所有的条件均不成立，则执行语句块n里的语句序列。

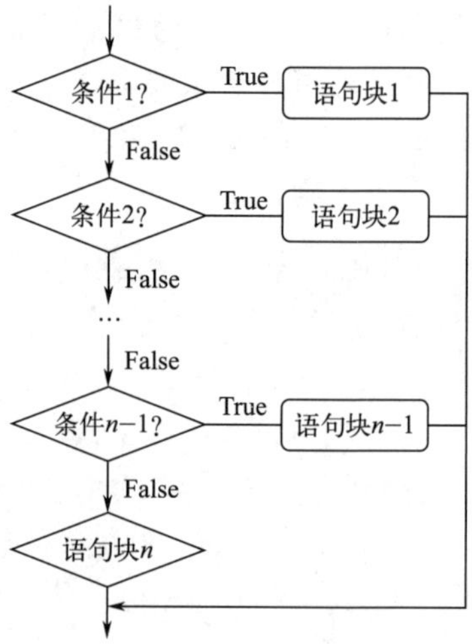

图4-3　if-elif-else语句的执行流程

【例4-9】有一个分段函数，定义如下：$y=f(x)=\begin{cases}0 & (x<0)\\ x & (0\leqslant x\leqslant 10)\\ x^2 & (x>10)\end{cases}$。从键盘输入$x$的值，根据分段函数定义，输出对应的$y$值。

程序代码如下：

```
x=eval(input("请输入x的值:"))
if x<0:
    y=0
elif x<=10:
    y=x
else:
    y=x**2
print("x={},y={}".format(x,y))
```

【例4-10】从键盘输入一个百分制成绩，将其转换为五级分制成绩并输出，要求使用if-elif-else语句实现。

分析：百分制成绩到五级分制成绩的转换存在5种情况，可以使用if-elif-else语句实现。

程序代码如下：

```
score=eval(input("请输入一个学生的百分制成绩"))
if score<0 or score>100:
    print("非法分数")
elif score>=90:
    print("优秀")
```

```
elif score>=80:
    print("良好")
elif score>=70:
    print("中等")
elif score>=60:
    print("及格")
else:
    print("不及格")
```

【例4-11】随着人民生活水平的提高，居民对于自己的身体质量的关注度也明显提高。身体质量指数（body mass index，BMI）是国际上常用的一种衡量人体胖瘦程度和是否健康的一个重要指标，如表4-2所示。BMI的计算公式为BMI=体重（单位：kg）/身高^2（单位：m）。编写一个程序，根据用户输入的体重和身高，完成对BMI的计算和身体质量分类。

表4-2 BMI分类标准

BMI值	分类
<18.5	偏瘦
[18.5, 24)	正常
[24, 28)	偏胖
≥28	肥胖

分析：表4-2所示的分类标准有4种，适合选用if-elif-else语句。

程序代码如下：

```
height,weight=eval(input("请输入身高(m)和体重(kg):"))
bmi=weight/(height**2)
print("BMI值为:{:.2f}".format(bmi))
if bmi<18.5: #BMI分类标准
    body_type="偏瘦"
elif bmi<24:
    body_type="正常"
elif bmi<28:
    body_type="偏胖"
else:
    body_type="肥胖"
print("BMI是{:.2f}\n体型分型属于{}".format(bmi,body_type))
```

程序运行结果如下：

```
请输入身高(m)和体重(kg):1.68,55
BMI值为:19.49
BMI是19.49
体型分型属于正常
```

【例4-12】 设备运维中一般采用多级报警方式，即根据轴承振动值（单位：mm/s）判断报警级别。例如，将各级阈值设定如下：正常（轴承振动值≤8.0mm/s）、黄色预警（8.0mm/s<轴承振动值≤9.5mm/s）、红色预警（轴承振动值>9.5mm/s），用if-elif-else语句实现分级判断，输出对应的处理建议。

```
#步骤1:输入基础数据
bearing_id=input("轴承编号:")
vib_value=float(input(f"{bearing_id}当前振动值(mm/s):"))
#步骤2:分支判断分级报警
if vib_value <=8.0:
    level="正常"
elif 8.0 < vib_value <=9.5:
    level="黄色预警，建议密切关注"
else:
    level="红色预警，建议停机检修"
#步骤3:输出结果
print(f"振动值:{vib_value}mm/s,报警级别:{level}")
```

4.5 random 库的导入及使用方法

random库是Python内置的一个标准函数库，其中包含多种生成随机数的函数。导入random库，可以使用random库中的函数生成各种类型的随机数。random库的导入方法和math库的导入方法相同，即使用关键字import导入，只是将库名更换为random即可。

使用random库中的函数生成的随机数是伪随机数，是基于算法生成的随机数。random库的函数使用一个初始种子（seed）生成随机数序列，该序列是有规律、可重复的。真正的随机数可以基于物理过程生成，如环境噪声等，其不可预测、不可重现。

random库中的常用函数如表4-3所示。

表4-3 random库中的常用函数

函数	功能
choice(seq)	从序列类型中随机返回一个元素
choice(seq,weights=None,k=1)	从序列中随机选择 k 个元素，支持加权随机选择，以列表类型返回

续表

函数	功能
getrandbits(k)	生成一个 *k* bit 的随机整数
random()	生成一个取值范围为 [0.0,1.0) 的随机小数
randint(a,b)	生成一个取值范围为 [*a*,*b*] 的随机整数
randrange(start,stop[,step])	生成一个取值范围为 [start,stop)、以 step 为步长的随机整数
sample(population,k)	从 population 中随机选择 *k* 个不重复的元素，以列表类型返回
seed(a=None)	设置随机数种子，默认值为系统时间，相同的种子会生成相同的随机数序列
shuffle(seq)	将序列中的元素随机排列，无返回值
uniform(a,b)	生成一个取值范围为 [*a*,*b*] 的随机小数

例如：

```
>>>import random
>>>fruit=['apple','banana','pear','peach']
>>>random.choices(fruit,weights=[1,1,1,4],k=3)
['pear','peach','peach']
>>>random.sample(("tiger","lion","dog","hippo"),2)
['dog','hippo']
>>>fruit=['apple','banana','pear','peach']
>>>random.shuffle(fruit)
>>>print(fruit)
['peach','apple','pear','banana']
```

【例4-13】猜数字游戏。产生一个0～100的随机数（作为被猜测的目标数），用户从键盘输入猜测的数字，根据猜测数与目标数的关系，给出相应的结论（“猜大了”“猜小了”“猜对了”），没有猜对时要求输出目标数。

分析：被猜测的目标数可以使用random库中的randint()函数产生。猜测数和目标数的关系有3种，可以选择if语句或者if-elif-else语句实现。

程序代码如下：

```
import random
target=random.randint(0,100)
guess=eval(input("请输入猜测的整数(0～100之间):"))
if guess==target:
    print("猜对了")
elif guess>target:
    print("猜大了")
```

```
    print("目标数是{}".format(target))
else:
    print("猜小了")
    print("目标数是{}".format(target))
```

程序运行结果如下:

```
请输入猜测的整数(0~100之间):67
猜大了
目标数是34
```

【例4-14】随机数计算器。生成两个0～100的随机整数，选择相应菜单，完成两个随机数的四则运算。随机数计算器的菜单功能如表4-4所示。

表4-4 随机数计算器的菜单功能

菜单选项	功能
1	加法
2	减法
3	乘法
4	除法
其他值	非法选项，结束

程序代码如下:

```
import random
a=random.randint(0,100)
b=random.randint(0,100)
print("*************************************")
print("**********计算器操作菜单*************")
print("***********1————加法***********")
print("***********2————减法***********")
print("***********3————乘法***********")
print("***********4————除法***********")
print("*************************************")
op=eval(input("请输入菜单选项值"))
if op==1:
    c=a+b
    print("{}+{}={}".format(a,b,c))
elif op==2:
```

```
    c=a-b
    print("{}-{}={}".format(a,b,c))
elif op==3:
    c=a*b
    print("{}+*}={}".format(a,b,c))
elif op==4:
    if b!=0:
        c=a/b
        print("{}/{}={}".format(a,b,c))
else:
    print("输入的运算代码选项错误")
```

4.6 分支结构综合应用实例

【例4-15】快递计费。北京某快递公司根据投送目的地离公司的远近，将全国划分为4个区域：0区为京津冀三地，1区为1000km（含1000km）以内，2区为1000～2000km（含2000km），3区为2000km以上。快递计费包含首重费用和续重费用：首重为1kg（不足1kg，按1kg计算），超出首重的质量，按质量（不足1kg，按1kg计算）收取续重费。快递计费标准如表4-5所示。要求从键盘输入快递寄往的区域及快递的质量，完成快递计费的运算并输出运算结果。

表4-5 快递计费标准

区域	首重费用/元	续重费用/（元/kg）
0	10	1
1	11	1.5
2	12	2
3	13	2.5

程序代码如下：

```
import math
area,weight=eval(input("请输入快递寄往的区域和质量(kg):"))
if weight<=0:
    print("快递质量错误")
else:
    if area<0 or area>3:
```

```
        print("快递寄往的区域错误")
    else:
        if (area==0):
            cost=10+math.ceil((weight-1))*1
        elif area==1:
            cost=11+math.ceil((weight-1))*1.5
        elif area==2:
            cost=12+math.ceil((weight-1))*2
        else:
            cost=13+math.ceil((weight-1))*2.5
        print("快递计费为{}".format(cost))
```

程序运行结果如下：

```
请输入快递寄往的区域和质量(kg):3,3.1
快递计费为20.5
```

【例4-16】某城市出租车计费标准如表4-6所示。编写程序，要求输入乘车时间（1为日间，0为夜间）和千米数，计算所需的出租车费用。

表4-6　出租车计费标准

乘车时间	起步价 / 元 （3km 以内，含 3km）	起步里程之后（不足 1km 按 1km） 收费 /（元 /km）
日间 [5:00 ～ 23:00]	13	2.6
夜间 (23:00 ～ 5:00)	14	3.1

程序代码如下：

```
import math
time=eval(input("请输入乘车时间(1为日间，0为夜间)"))
dis=eval(input("请输入乘车里程数"))
if time==1:
    cost=13+math.ceil(dis-3)*2.6
if time==0:
    cost=14+math.ceil(dis-3)*3.1
print("应付的出租车费用为{:.1f}".format(cost))
```

程序运行结果如下：

```
请输入乘车时间(1为日间，0为夜间)0
请输入乘车里程数15.3
```

```
应付的出租车费用为54.3
```

【例4-17】温度转换。例3-1实现了从华氏温度到摄氏温度的转换，本例要求实现双向温度转换。如果从键盘输入一个华氏温度（以F或f为单位），则将其转换为摄氏温度并输出；如果从键盘输入一个摄氏温度（以C或c为单位），则将其转换为华氏温度并输出。

分析：输入时输入带有单位的温度字符串，字符串的最后一个字符为温度的单位。本例的重点就在于识别输入的温度是摄氏温度还是华氏温度。

程序代码如下：

```
TempStr=input("请输入带有单位的温度值:")
if TempStr[-1]=='C' or TempStr[-1]=='c':
     F=1.8*eval(TempStr[0:-1])+32
     print("转换后的温度是{:.2f}F".format(F))
elif TempStr[-1]=='F' or TempStr[-1]=='f':
     C=(eval(TempStr[0:-1])-32)/1.8
     print("转换后的温度是{:.2f}C".format(C))
else:
     print("输入格式错误！")
```

程序运行结果如下：

```
请输入带有符号的温度值:14c
转换后的温度是57.20F
```

【例4-18】字符判断。从键盘输入一个字符，如果输入的字符是英文字母，则输出CHAR；如果输入的字符是数字，则输出DIGIT；如果输入的字符是空格，则输出SPACE；如果输入的字符不属于以上3类，则输出OTHER。

分析：可以使用关系运算符实现对英文字母、数字和空格的判断，其他字符的判断无法用关系运算符表达。可以借助if-elif-else语句，排除英文字母、数字和空格后，则为其他字符。

程序代码如下：

```
char=input("请输入一个字符:")
if 'a'<=char<='z' or 'A'<=char<='Z':
    print("CHAR")
elif '0'<=char<='9':
    print("DIGIT")
elif char==' ':
    print("SPACE")
else:
```

```
    print("OTHER")
```

【例4-19】成绩绩点换算。要求从键盘输入某学生的Python语言程序设计课程的成绩，按照表4-7的成绩绩点对照，计算该学生的Python语言程序设计课程的绩点并输出。

表4-7　成绩绩点对照

成绩	绩点
90分以上	4.0
80 ～ 89	3.0
70 ～ 79	2.0
60 ～ 69	1.0
60分以下	0.0

程序代码如下：

```
score=eval(input("请输入Pyhon语言程序设计的成绩:"))
if score>100 or score<0:
    print("输入的分数超出合法范围。")
else:
    if score>=90:
        GPA=4
    elif score>=80:
        GPA=3
    elif score>=70:
        GPA=2
    elif score>=60:
        GPA=1
    else:
        GPA=0
print("Python语言程序设计课程的成绩是{}，绩点是{}。".format(score,GPA))
```

本章小结

本章系统解析了3种分支结构控制语句：单分支if语句、双分支if-else语句和多分支if-elif-else语句；通过实例演示了分支结构程序的设计方法与技巧，如条件表达式的构建、嵌套分支的应用等；介绍了Python随机数生成模块random库的导入及使用方法。

习题 4

在线习题

编程题

1. 输入3个整数，输出其中的最大值。

2. 从键盘输入一个字符，判断该字符的类型（数字字符、大写字母、小写字母或者其他字符）。

3. 输入一个年份，判断该年是闰年还是平年并输出。（闰年的条件：能被4整除且不能被100整除或能被400整除）

4. 某药店口罩打折促销（单位：包，10个/包），折扣情况如表4-8所示。

表4-8　口罩折扣情况

购买数量 n	折扣情况
1	无折扣
$2 \leqslant n \leqslant 3$	3% 折扣
$4 \leqslant n \leqslant 5$	6% 折扣
$n>5$	10% 折扣

要求从键盘输入口罩的单价和购买数量，编程计算购买口罩应付的总金额。

5. 编写程序，实现人民币和美元的兑换，即如果输入人民币面额，则输出能兑换的美元面额；如果输入美元面额，则输出能兑换的人民币面额。

6. 输入一个整数，判断该数的类别。

（1）能同时被3和5整除。

（2）只能被3整除。

（3）只能被5整除。

（4）不能被3或5整除。

第5章

循环结构程序设计

本章主要内容

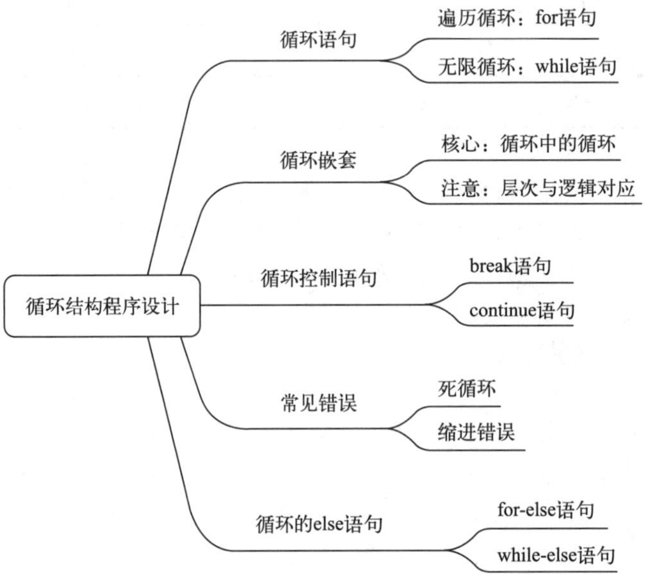

5.1 引例

5.1.1 引例

【例5-1】多组三角形面积计算。在几何计算与工程测量场景中，批量处理多组三角形边长并计算面积时，手动计算效率低且易出错；借助循环结构则可实现“一次编写逻辑，批量处理数据”，以提升效率。

程序代码如下：

```
import math  #导入math库，用于计算平方根
#循环控制：通过用户输入决定是否继续处理下一组数据
while True:
    try:
        #接收用户输入的一组三角形边长
        a=float(input("请输入三角形第一条边长(单位:cm):"))
        b=float(input("请输入三角形第二条边长(单位:cm):"))
        c=float(input("请输入三角形第三条边长(单位:cm):"))
        #按海伦公式计算面积
        s=(a+b+c)/2  #计算半周长
        area=math.sqrt(s*(s-a)*(s-b)*(s-c))
        #输出结果，保留2位小数
        print(f"三角形面积:{area:.2f}cm²")
    except ValueError:
        print("输入错误！请输入有效的数字。")
    #询问是否继续处理下一组数据
    next_calc=input("输入n退出，其他键继续计算:")
    if next_calc=="n":
        print("程序已退出！")
        break  #终止循环，退出程序
```

【例5-2】以轴承振动监测为场景，直观感受工业场景中使用循环的必要性。统计一段时间内轴承振动峰值（单位：mm/s）超过安全阈值的次数。

程序代码如下：

```
#列表中存储一段时间的轴承振动峰值
peak_list=[7.8,8.2,7.9,8.5,8.1,7.7,8.3,7.6,8.0,8.4]
threshold=8.0  #预先设置的安全阈值
over_count=0
#for循环核心：让peak依次取peak_list中的每个元素，执行循环体
for peak in peak_list:
    #循环体(缩进4空格，Python强制语法)
    if peak>threshold:
        over_count+=1  #超过安全阈值则计数器+1
#输出结果
print(f"轴承超{threshold}mm/s的次数:{over_count}次")
```

5.1.2 循环执行逻辑

在程序设计的三大基本控制结构中，顺序结构负责按照既定顺序依次执行语句，分支

结构通过条件实现不同路径的选择，循环结构则专门用于解决重复执行的问题。当某些操作需要在固定次数或动态条件下反复进行时，循环结构能够避免代码的机械重复，使计算机高效而可靠地完成批量化任务。

要理解循环结构，需要把握两个核心要素：循环前提和循环体。其中，循环前提决定循环是否继续，循环体则是每次被反复执行的一组语句。

循环结构的执行逻辑如下：在进入循环体之前，程序首先检查循环条件，若条件满足，则执行循环体中的语句；一轮执行完成后再次返回条件判断，若条件依旧成立，则进入下一轮循环。如此往复，直到条件不再满足，循环终止，程序才会跳出循环，进入后续流程。循环执行逻辑流程与代码结构如图5-1所示。

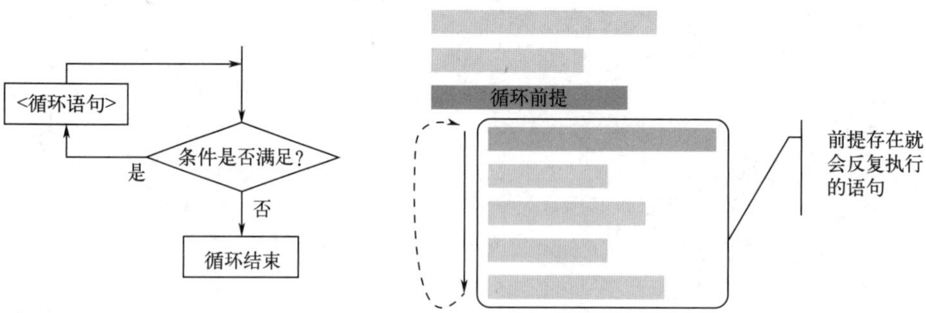

图5-1　循环执行逻辑流程与代码结构

例如，在例5-2中，循环通过逐一提取数据并判断计数的逻辑，完成了超出安全阈值次数的统计。其具体执行步骤如下。

① 初始化：获取首个数据。从存储振动峰值的列表peak_list中提取第一个元素7.8（单位：mm/s），赋值给循环变量peak，此时peak=7.8，准备进行首次循环判断。

② 执行循环体：判断与计数。根据预设的安全阈值threshold=8.0，判断peak>threshold（7.8>8.0），结果为False，不满足超出安全阈值条件，因此不执行over_count+=1（计数器over_count仍保持初始值0）。

③ 迭代：遍历后续数据。首次循环体执行完毕后，自动进入迭代流程，即从peak_list中提取下一个元素8.2，重新赋值给peak（此时peak=8.2）；再次判断8.2>8.0，结果为True，执行over_count+=1，计数器更新为1。按此逻辑重复迭代，直至peak_list中的所有元素（7.8→8.2→7.9→…→8.4）均被遍历。

④ 终止：循环结束与结果输出。当peak_list的最后一个元素8.4完成判断（8.4>8.0为True，over_count最终更新为4）后，循环自动终止，程序跳至循环外的print语句，输出“轴承超 8.0mm/s 的次数：4 次”，完成监测统计。

5.2　for 循环：确定次数的迭代循环

for循环是一种确定次数的循环，也称为遍历循环，其核心是遍历可迭代对象，重复执行逻辑，适合已知数据范围、固定执行次数的任务。

5.2.1 基本语法与执行逻辑

for 循环的基本语法格式如下：

```
for 循环变量 in 可迭代对象:
    #循环体(必须缩进4空格，区分代码层级)
    循环体代码块
#循环结束后执行的代码(无缩进，与for对齐)
后续代码
```

for 循环中有两个关键概念，具体如下。

① 循环变量：从可迭代对象中提取单个元素的临时名称，命名需“见名知义”。

② 可迭代对象：能逐一取出元素的数据容器，常见类型有字符串、列表、元组、字典等。

值得强调的是，在Python 循环（尤其是 for 循环）结构中，range() 函数是生成连续整数序列的核心工具之一，常用于需要固定次数循环的场景。range() 函数无需手动创建列表存储数字，能直接生成可迭代的整数序列，既简洁又节省内存。

range() 函数本质上是一个序列生成器，用于创建一个包含指定范围整数的可迭代对象。其核心特点是左闭右开，即生成的序列包含起始值，但不包含结束值。根据参数数量的不同，range() 函数有3种常用语法，分别适配不同的序列生成需求，如表5-1所示。

表5-1 range()函数的常用语法

常用语法	功能	示例	生成的序列
range(stop)	生成从 0 开始、到 stop-1 结束的整数序列，默认步长为 1	range (5)	0,1,2,3,4
range(start,stop)	生成从 start 开始、到 stop-1 结束的整数序列，默认步长为 1	range(2,7)	2,3,4,5,6
range(start,stop,step)	生成从 start 开始、按 step 间隔递增，到接近但不超过 stop 的整数序列	range(1,10,2)	1,3,5,7,9
		range(10,1,-2)	10,8,6,4,2

range() 函数的参数说明如下。

① start：可选参数，生成整数序列的起始值。当不给定start参数时，默认起始值为0。

② stop：生成整数序列的结束值（不包含）。

③ step：可选的整数参数，表示相邻两个元素之间的差值，可以为正数或负数（但不能为0）。省略时默认值为1。

5.2.2 典型案例

【例5-3】从键盘输入正整数n，计算$\sum_{i=1}^{n} i$并输出。

分析：首先获取指定参数n，并初始化累加和的变量；然后借助for循环，配合range函数，从1开始，依次遍历到目标数字n。在每次迭代中，将当前遍历到的数字进行累加，循环结束后，累加和变量的值即为所求结果。

程序代码如下：

```
#指定一个正整数n
n=int(input("请输入一个正整数n:"))
#初始化累加和变量为0
sum_result=0
#使用for循环遍历从1到n的整数序列
for i in range(1,n+1):
    #将每次遍历到的i值累加到sum_result中
    sum_result+=i
#输出1~n的累加和结果
print(f"1到{n}的和为:{sum_result}")
```

程序运行结果如下：

```
请输入一个正整数n:100
1到100的和为:5050
```

【例5-4】从键盘接收用户输入的任意字符串（可包含字母、数字、空格、符号等），编写程序，统计其中英文字母（含大小写）的总个数，并输出统计结果。

分析：首先初始化一个字母计数器，并获取用户输入字符串；然后借助for循环遍历字符，判断每一个字符是否为字母，若为字母则累加到字母计数器中。循环结束后，字母计数器的值即为字母总数。

程序代码如下：

```
#初始化计数器:英文字母数量初始为0
letter_count=0
#接收用户输入:获取待统计的字符串
input_str=input("请输入任意字符串:")
#循环遍历字符串每个字符，判断是否为英文字母
for char in input_str:
    #利用字符串方法isalpha()进行判断:若为英文字母，则返回True
    if char.isalpha():
        letter_count+=1  #是英文字母则计数器+1
#输出统计结果:明确展示英文字母总数
print(f"\n输入的字符串中，英文字母的总个数为:{letter_count} 个")
```

程序运行结果如下：

```
请输入任意字符串:A1b2C3! 4d5E6
```

```
输入的字符串中，英文字母的总个数为:5个
```

【例5-5】根据圆钢的规格参数（半径、长度）及钢材密度批量计算圆钢质量。

分析：首先定义圆钢固定参数（半径、密度等），并用列表存储一批圆钢的长度数据；然后借助range()函数生成索引序列，通过 for 循环遍历长度列表的每个索引；循环中，根据索引获取当前圆钢的长度，结合质量公式依次计算圆钢的体积与质量；最后格式化输出每个圆钢的序号与对应质量。

程序代码如下：

```
#固定参数(圆钢规格与材料属性)
steel_radius=5                    #半径(cm)
steel_density=7.85                #钢材密度(g/cm³)
pi=3.14                           #π值(简化计算，直接取3.14)
#圆钢的长度数据(cm，模拟测量)
steel_lengths=[25.2,30.5,28.8]
#for循环:用range()函数生成索引，遍历长度列表
for i in range(len(steel_lengths)):
    steel_num=i+1                          #序号(索引从0开始，+1转为第1个)
    current_length=steel_lengths[i]        #通过索引获取当前长度
    #计算体积与质量
    volume=pi*(steel_radius**2)*current_length
    weight=volume*steel_density
    #输出结果(保留1位小数)
    print(f"第{steel_num}个圆钢重{weight:.1f}g")
```

程序运行结果如下：

```
第1个圆钢重15528.9g
第2个圆钢重18794.9g
第3个圆钢重17747.3g
```

【例5-6】已知员工薪资列表salaries=[5000, 6500, 8000, 5200, 7500, 9000]，计算所有员工的平均薪资，并找出有多少员工的薪资超过了平均值。

分析：计算平均薪资,遍历薪资列表，通过条件判断统计薪资高于平均值的员工人数，输出平均薪资及薪资超过了平均值的员工人数。

程序代码如下：

```
#初始化已知数据:题目给定的员工薪资列表(单位:元)
salaries=[5000,6500,8000,5200,7500,9000]
#计算所有员工的总薪资
total_salary=sum(salaries)
```

```
#计算平均薪资(四舍五入到整数)
employee_count=len(salaries)
avg_salary=round(total_salary/employee_count)
#统计薪资高于平均值的员工人数
high_salary_count=0                        #初始化计数器，初始值为0
for salary in salaries:                    #遍历薪资列表，逐个判断
    if salary>avg_salary:                  #条件
        high_salary_count+=1               #满足条件则计数器加1
#格式化输出结果
print(f"员工平均薪资(四舍五入后):{avg_salary}元")
print(f"薪资高于平均值的员工人数:{high_salary_count}人")
```

程序运行结果如下：

```
员工平均薪资（四舍五入后）：6867元
薪资高于平均值的员工人数：3人
```

5.3 while 循环：非确定次数循环

for 循环适用于已知数据范围或固定执行次数的场景，代码简洁且无需手动管理循环变量。但在实际开发中，常遇到循环次数无法提前确定的情况，此时需使用while循环，通过条件表达式是否成立来动态控制循环的启动与终止，以灵活适配不确定的执行场景。

5.3.1 基本语法与执行逻辑

while循环的基本语法格式如下：

```
while条件表达式(结果为True/False):
    #循环体(必须缩进4空格，区分代码层级)
    循环体代码块
    #更新条件变量(注意:不更新可能会无限循环)
    条件更新代码
#循环结束后执行的代码
后续代码
```

while循环中有两个关键概念，具体如下。

① 条件表达式：循环的“开关”，其本质是一个结果为布尔值（True/False）的判断语句。也就是说，每次循环执行前，程序会先计算条件表达式的结果，若为True则执行循环体，若为False则终止循环，直接进入执行代码。

② 更新变量条件：while循环体中的“条件更新代码”，其本质是通过修改与条件表达式相关的变量值，让循环条件从True逐步向False过渡，最终实现循环正常终止；否则条件永远为True，导致无限循环（需按Ctrl+C组合键强制终止）。

5.3.2 典型案例

【例5-7】从键盘输入一个正整数n，用while循环计算$\sum_{i=1}^{n} i$并输出。

分析：获取指定正整数n，初始化循环变量i与和变量sum_result；当$i \leqslant n$时，用while循环将i累加到总和，同时i自动更新；循环结束后，输出累加和。

程序代码如下：

```
#获取用户输入的指定正整数n
n=int(input("请输入一个正整数n:"))
#初始化变量:累加和从0开始，计数器从1开始
sum_result=0
i=1
#while循环:i≤n时持续累加
while i<=n:
    sum_result+=i   #将当前i累加到总和
    i+=1            #更新条件变量
#输出1~n的累加和
print(f"1到{n}的累加和为:{sum_result}")
```

程序运行结果如下：

```
请输入一个正整数n:100
1到100的累加和为:5050
```

对比例5-3（for 循环）与例5-7（while 循环）可见，两种循环的核心差异在于迭代控制方式：for 循环依托range()函数等可迭代对象自动生成序列，循环变量取值、迭代终止均由序列自动控制，无需手动处理变量更新，代码更简洁高效；while 循环则需手动初始化条件变量，通过“条件表达式判断+循环体内变量更新”实现迭代控制，虽增加了变量管理的代码量，但更灵活适配动态场景。二者最终计算结果一致，但在循环控制与代码复杂度上存在明显差异。

【例5-8】在轴承运行状态实时监测中，当轴承处于开机状态（转速大于0）时，则持续采集振动数据（本例中采用手动输入模拟获取振动值）；若振动值超出安全阈值，则立即报警。

分析：由于监测次数无法提前确定，因此使用 while 循环。定义振动报警阈值和初始转速，以转速大于0为循环条件，在循环体内获取实时转速与振动值，对比阈值并反馈状态。当输入转速为 0 时，条件不成立，循环终止。

程序代码如下：

```
#参数初始化
vib_thresh=9.0   #振动报警阈值(单位:mm/s)
speed=int(input("请输入当前转速(r/min):"))    #初始转速
```

```
#while循环：转速大于0则持续运行
while speed>0:
    #采集实时振动值（手动输入模拟采集过程）
    vibration=float(input("请输入当前振动值(mm/s):"))
    #判断振动状态，输出监测结果
    if vibration>vib_thresh:
        print(f"振动{vibration}mm/s，振动超限！")
    else:
        print(f"振动{vibration}mm/s，正常！")
    #转速更新（手动输入模拟采集过程）
    speed=int(input("请输入当前转速(r/min):"))
print("转速为0，已停机，停止监测！")
```

程序运行结果如下：

```
请输入当前转速(r/min):1500
请输入当前振动值(mm/s):8.6
振动8.6mm/s，正常！

请输入当前转速(r/min):1600
请输入当前振动值(mm/s):9.3
振动9.3mm/s，振动超限！

请输入当前转速(r/min):0
转速为0，已停机，停止监测！
```

5.3.3 无限循环

在 while 循环的实际应用中，无限循环是最易出现的问题之一。其本质是循环终止条件始终处于 True 状态，无法通过程序执行过渡到 False 状态，导致循环体被无限制重复执行，最终可能引发程序卡死、资源耗尽等问题。

无限循环的核心诱因可归纳为以下 3 类。

① 未更新条件变量：循环正常终止依赖条件变量的动态更新，若循环体内未对与终止条件相关的变量（如计数器、状态标识等）进行任何修改，变量值将始终保持初始状态。一旦初始状态满足条件表达式为 True，循环便会持续执行，永远无法终止。

② 条件逻辑错误：终止条件的判断逻辑被误写，导致代码逻辑与需求逻辑完全相悖。其常见场景包括将小于或等于（≤）错写为大于或等于（≥）、不等于（!=）错写为等于（==），或混淆且（and）与或（or）的逻辑关系。这种错误会引发两种问题：若初始状态满足误写后的条件（结果为 True），则触发无限循环；若初始状态不满足（结果为 False）误写后的条件，则循环一次都不执行。

③ 变量更新无效：虽在循环体内添加了变量更新语句，但更新操作未对变量核心值产

生实质影响。例如，将变量重新赋值为初始值，或更新的变量与终止条件无关，此时条件变量看似被更新，实则始终维持初始状态，导致终止条件永远为 True，循环无法终止。

【例 5-9】在实验室配制水溶液的过程中，通过逐步加水实现水位达到目标值即停止的需求。要求根据当前水位动态调整加水量，如以目标水位与当前水位差值的 1/10 作为加水量。由于无法提前确定循环次数，因此适合用 while 循环控制加水流程。

程序代码如下：

```
water_level=0  #初始水位(mL)
target_level=500  #目标水位(mL)
#循环条件:水位<目标水位时持续加水
while water_level<target_level:
    #每次加水量=(目标水位-当前水位)的1/10
    add_water=(target_level-water_level)//10
    water_level+=add_water
    print(f"当前水位:{water_level}mL, 本次加水:{add_water}mL")
print("水位达标，停止加水！")
```

上述代码表面符合动态加水到水位更新的逻辑，但因每次加水量是水位差的 1/10，故存在永远无法达到目标水位的问题，导致循环无限执行。若要解决此问题，可将加水量计算改为 add_water=max(1,(target_level - water_level)//10)（确保最少加 1mL），以避免无限循环。

5.3.4 for 循环与 while 循环的选择原则

for 循环与 while 循环的核心差异在于迭代控制方式，需根据具体场景需求进行选择，以提升代码的简洁性与灵活性。当任务有明确的次数或数据范围时，优先使用 for 循环。当任务需通过动态条件（如实时数据、用户操作）控制循环时，优先使用 while 循环；同时，需注意更新条件变量，避免无限循环。for 循环与 while 循环的对比如表 5-2 所示。

表 5-2 for 循环与 while 循环的对比

循环类型	适用场景	核心优势	典型案例
for 循环	① 已知循环次数。 ② 需遍历可迭代对象（如列表、字符串、range 序列）	① 无需手动初始化和更新循环变量，由可迭代对象自动控制迭代。 ② 代码简洁，有效减少变量管理错误	① 计算 1 ～ 100 的累加和（用 range(1,101) 控制次数）。 ② 统计字符串中英文字母的个数（遍历字符串每个字符）。 ③ 批量计算列表中圆钢的质量（遍历长度列表）
while 循环	① 循环次数未知，需通过条件判断控制。 ② 需动态调整循环终止条件	① 条件控制灵活，可适配不确定的执行场景。 ② 能根据实时数据动态调整循环状态	实时监测轴承转速，转速为 0 时停止监测（循环次数取决于设备运行情况）

5.4 嵌套循环

单层循环只能处理一层重复，但实际程序中常需多层重复，此时需使用嵌套循环，实现外层+内层的多层控制。

5.4.1 基本语法与执行逻辑

嵌套循环的基本语法格式如下：

```
#外层循环：宏观层级
for 外层变量 in 外层可迭代对象：
    #外层循环体（缩进4空格）
    外层代码1

    #内层循环：微观层级
    for 内层变量 in 内层可迭代对象：
        #内层循环体（缩进8空格，比外层多4空格）
        内层代码1

    #外层循环体后续代码（仍缩进4空格）
    外层代码2
```

嵌套循环的核心逻辑是外层循环每执行一次，内层循环会完整执行一轮，其外层、内层循环的执行流程如下。

① 执行外层循环。检查外层循环的条件，若条件为False，则直接跳出整个嵌套循环，嵌套循环执行结束；若条件为True，则进入外层循环体（此时内层循环开始执行）。

② 进入外层循环体后，执行内层循环。判断内层循环的条件，若条件为 False，则跳出内层循环，执行外层循环的迭代操作（如外层循环变量的递增、递减等），执行完成后回到步骤 1，再次判断外层循环条件；若条件为 True，则执行内层循环体的代码，执行完后进行内层循环的迭代操作（如内层循环变量的递增、递减等），再次回到判断内层循环条件这一步（重复此过程，直到内层循环条件为False，才跳出内层循环）。

嵌套循环的执行流程如图5-2所示。

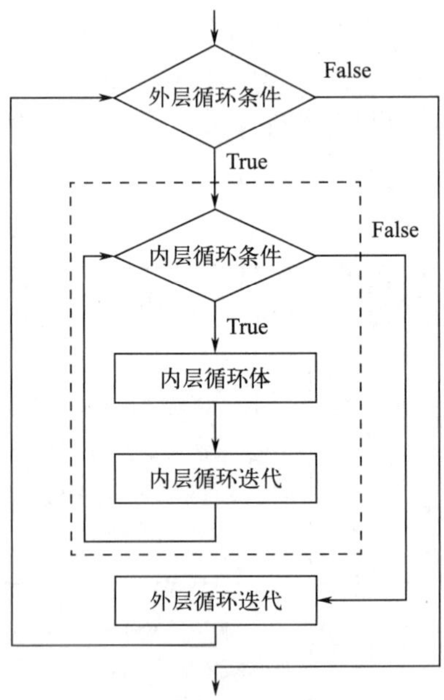

图5-2 嵌套循环的执行流程

5.4.2 典型案例

【例5-10】输出九九乘法表。

分析：使用两层嵌套循环，外层用for循环配合range()函数控制行数（1~9）；内层同样用for循环配合range()函数，列数范围与当前行号对应，控制每行列数（1 ～当前行数）。通过两层循环的协同，实现逐行生成、逐列拼接的九九乘法表输出效果。

程序代码如下：

```
#外层循环：控制乘法表的行数（1～9行）
for i in range(1,10):
    #内层循环：控制每行的列数（第i行有i列）
    for j in range(1,i+1):
        #格式化输出单个乘法算式，end=" "可确保同行显示
        print(f"{j}×{i}={i*j:2d}",end=" ") #控制字符宽度为2位
    #内层循环结束后换行，准备输出下一行
    print() #换行的作用
```

程序运行结果如下：

```
1×1=1
1×2=2 2×2=4
1×3=3 2×3=6  3×3=9
1×4=4 2×4=8  3×4=12 4×4=16
1×5=5 2×5=10 3×5=15 4×5=20 5×5=25
1×6=6 2×6=12 3×6=18 4×6=24 5×6=30 6×6=36
1×7=7 2×7=14 3×7=21 4×7=28 5×7=35 6×7=42 7×7=49
1×8=8 2×8=16 3×8=24 4×8=32 5×8=40 6×8=48 7×8=56 8×8=64
1×9=9 2×9=18 3×9=27 4×9=36 5×9=45 6×9=54 7×9=63 8×9=72 9×9=81
```

【例5-11】两台轴承循环监测超出安全阈值的报警情况。

分析：使用双层嵌套for循环实现多设备批量监测，外层循环遍历设备列表，内层循环控制单设备数据采集和阈值判断。

程序代码如下：

```
devs=["B-01","B-02"]          #待监测轴承设备列表
thresh=8.0                    #振动安全阈值（单位：mm/s）
collect_times=3               #每台设备每轮监测次数
#外层for循环：遍历所有待监测设备
for dev in devs:
    #内层for循环：监测单台设备
    for n in range(1,collect_times+1):
        #输入当前次的振动值
        val=float(input(f"请输入{dev}第{n}次振动值(mm/s):"))
        #比较振动值与安全阈值，判断状态并输出结果
        if val>thresh:
            print(f"{dev}第{n}次监测超过阈值")
```

```
        else:
            print(f"{dev}第{n}次监测正常")
```

程序运行结果如下：

```
请输入B-01第1次振动值(mm/s):7.5
B-01第1次监测正常
请输入B-01第2次振动值(mm/s):8.2
B-01第2次监测超过阈值
请输入B-01第3次振动值(mm/s):7.9
B-01第3次监测正常
请输入B-02第1次振动值(mm/s):9.0
B-02第1次监测超过阈值
请输入B-02第2次振动值(mm/s):7.8
B-02第2次监测正常
请输入B-02第3次振动值(mm/s):8.5
B-02第3次监测超过阈值
```

5.5 循环控制语句：break 与 continue

在循环结构中，除了按预设条件自然结束外，有时还需要根据动态场景提前终止循环或跳过某次迭代。Python 提供了 break 和 continue 两个关键字，用于在循环内部精细控制执行流程，提高循环的灵活性。

5.5.1 break 语句：立即终止当前循环

break 语句的作用是立即终止当前所在的循环，跳出循环体并执行循环外的后续代码。break 语句适用于找到目标结果后无需继续循环、满足终止条件时提前结束等场景。

break 语句的基本语法格式如下：

```
#for循环中使用break语句
for 变量in可迭代对象:
    语句块1
    if 终止条件:
        break   #满足条件时，立即终止当前for循环
    语句块2   #若break语句执行，则此部分不再执行

#while循环中使用break语句
while 循环条件:
    语句块1
    if 终止条件:
```

```
        break   #满足条件时，立即终止当前while循环
    语句块2   #若break语句执行，此部分不再执行
```

【例5-12】在化学实验中，常需实时监测水温并控制加热过程：当水温达到预设阈值（如90℃）时，需立即停止加热以保证实验安全。

分析：使用while循环对水温进行持续监测；每次循环中获取当前水温，并与阈值（90℃）进行比较，判断是否达到停止加热条件；当水温≥90℃时，输出“水温达标，终止加热！”提示，并通过break语句终止循环，结束监测流程。

程序代码如下：

```
#水温达标，终止加热（化学实验场景）
while True:
    current_temp=float(input("请输入当前水温(℃):"))
    print(f"当前水温:{current_temp}℃")
    if current_temp>=90:
        print("水温达标，终止加热！")
        break   #终止while循环
```

程序运行结果如下：

```
请输入当前水温(℃):35
当前水温:35.0℃
请输入当前水温(℃):68
当前水温:68.0℃
请输入当前水温(℃):92
当前水温:92.0℃
水温达标，终止加热！
```

5.5.2 continue语句：跳过当前次迭代

continue语句的作用是跳过当前循环中的剩余语句，直接进入下一次迭代，不终止循环，仅跳过当前次循环。continue语句适用于过滤无效数据、跳过不符合要求的迭代等场景。

continue 语句的基本语法格式如下：

```
#用于for循环
for 变量in可迭代对象:
    语句块1
    if 跳过条件:
        continue   #满足条件时，跳过当前迭代的剩余部分
    语句块2   #若continue语句执行，则本次循环此部分不再执行
```

```
#用于while循环
while 循环条件:
    语句块1
    if 跳过条件:
        continue    #满足条件时，跳过当前迭代的剩余部分
    语句块2   #若continue语句执行，则当前迭代的此部分不再执行
```

【例5-13】计算1～10中所有奇数的平方和。

分析：循环遍历1～10的整数，结合条件判断筛选出奇数，计算其平方后累加求和。

程序代码如下：

```
#初始化平方和变量为0
sum_squares=0
#遍历1~10的所有整数
for num in range(1,11):
    #判断当前数是否为偶数，为偶数时结束当前这一次的循环
    if num%2==0:
        continue
        #计算奇数的平方并累加到总和
    sum_squares+=num**2
#输出最终结果
print(f"1～10中所有奇数的平方和为:{sum_squares}")
```

程序运行结果如下：

```
1～10中所有奇数的平方和为:165
```

【例5-14】在机械加工生产中，产品批量生产后需统计合格率，以评估生产质量。现需对一批零件的尺寸数据进行筛选，剔除超出合格范围（如19.8～20.2mm）的零件，计算并输出最终合格率。

分析：使用for循环遍历零件尺寸列表，以19.8～20.2mm为合格范围，用continue语句跳过不合格件，统计合格数与总数，计算合格率并输出。

程序代码如下：

```
#获取零件尺寸数据(单位:mm)
valid_sizes=[20.0,20.1,19.7,20.3,19.9,20.2,19.6]
min_s,max_s=19.8,20.2         #合格范围
total=len(valid_sizes)        #有效总数
qualified=0   #合格数
#使用for循环，结合continue语句，跳过不合格零件
```

```
for size in valid_sizes:
    if not (min_s <=size <=max_s):
        continue  #不合格，跳过计数
    qualified+=1   #合格则计数
#计算合格率
rate=(qualified/total)*100
print(f"零件合格率:{rate:.2f}%")
```

程序运行结果如下：

```
零件合格率:57.14%
```

5.5.3 break语句与continue语句对比

在循环中，break语句与continue语句均用于控制流程，均仅作用于当前循环，但两者差异显著，具体如表5-3所示。

表5-3 break语句和continue语句的对比

语句	作用范围	执行效果	典型场景
break	终止当前所在的循环	直接跳出循环，不再进行后续任何迭代	找到目标、满足终止条件等
continue	跳过当前迭代	仅跳过本次循环的剩余代码，继续下一次迭代	过滤无效数据、跳过异常情况等

【例5-15】从键盘输入若干个学生的Python语言程序设计课程的成绩，输入负数时表示输入结束，输入0～100时表示合法输入，输入大于100时表示输入错误（继续输入），要求统计输入成绩的平均分。

分析：用户输入的成绩分为3种情况，其对应的数据处理方法如表5-4所示。

表5-4 输入的成绩及对应的数据处理方法

输入的成绩	数据处理方法
大于100	重新输入，结束本次循环
0～100	合法输入，对数据进行处理（求和、计数）
小于0	数据处理结束，结束循环

程序代码如下：

```
sum,num=0,0                   #初始化总成绩sum和学生人数num为0
while True:                   #创建一个无限循环，直到遇到break语句才会退出
```

```
    #获取用户输入的成绩并使用eval()函数将成绩转换为数值类型
    score=eval(input("请输入学生成绩"))
    if score>100:              #成绩大于100，结束本次循环，继续下一次循环
        continue
    elif 0 <=score <=100:      #如果成绩在0~100，则为有效成绩
        sum+=score             #将有效成绩累加到总成绩中
        num+=1                 #有效学生人数加1
    else:                      #如果成绩小于0，则退出循环
        break
if num>0:                      #循环结束后，检查是否有有效成绩(避免除零错误)
    #计算并输出平均成绩
    aver=sum/num
    print("平均分是{}".format(aver))
else:                          #如果没有有效成绩，则输出提示信息
    print("没有有效的学生成绩")
```

5.6 循环的 else 语句

在循环结构中，Python 还提供了一种特殊的语法，即循环的 else 语句。循环的 else 语句可与 for 循环、while 循环搭配使用，其核心作用是在循环正常结束时执行额外逻辑，若循环因 break 语句提前终止，则 else 块中的代码不会执行。其中，正常结束是指for遍历完所有元素或while 条件变为 False，并且没有被break语句打断。这一特性适用于验证循环是否完整执行、完成循环后的收尾操作等场景。

循环与else搭配时需注意：else关键字与for/while关键字对齐，代表其属于循环的附属结构，而非循环体的一部分。其基本语法格式如下：

```
#与for 循环搭配
for 循环变量 in 可迭代对象:
    #循环体(缩进4空格)
    循环体代码块
    if 终止条件:
        break
else:
    #循环正常结束时执行
    else代码块
#与while 循环搭配
while 条件表达式:
    #循环体(缩进4空格)
    循环体代码块
    if 终止条件:
```

```
        break
    #条件变量更新
    变量更新代码
else:
    #循环正常结束时执行
else代码块
```

【例5-16】使用循环检查一组数据中是否存在负数，如果存在，则立即退出循环；如果循环完整执行完毕，则说明没有负数。

分析：获取一组数据，通过for循环逐一判断是否为负数。若某次迭代中判断为负数，则用break语句终止循环；若循环完整执行完毕，则说明没有负数。

程序代码如下：

```
data=[3,5,7,-2,9]
for value in data:
    if value < 0:
        print("检测到负数，循环提前结束。")
        break
else:
    print("所有数据均为非负数。")
```

程序运行结果如下：

```
检测到负数，循环提前结束。
```

【例5-17】从键盘输入一个整数，判断该数是不是素数（素数是指大于1的自然数中，除了1和其本身以外不再有其他因数的数）。

分析：获取待判断的目标数，通过for循环遍历2～n-1的所有整数，检查是否存在能整除n的数（因数）。若找到因数，则通过break语句立即终止循环，判定n不是素数；若循环完整执行，则执行else分支，判定n是素数。

程序代码如下：

```
#获取用户输入的整数
n=int(input("请输入一个整数:"))
#遍历2～n-1的所有可能因数
for i in range(2,n):
    #若存在能整除n的数，则说明n不是素数
    if n%i==0:
        print(f"{n}不是素数")
        break  #找到因数后立即终止循环，无需继续判断
else:
```

```
    #循环正常结束，说明没有找到因数，n是素数
    print(f"{n}是素数")
```

程序运行结果如下：

```
请输入一个整数:12
12不是素数
```

本章小结

本章围绕循环结构程序设计，重点讲解了 for 循环、while 循环、嵌套循环及流程控制语句的核心知识与应用。其中，for循环适用于已知范围或固定次数的场景，依托可迭代对象自动控制迭代，无需手动管理循环变量。while 循环适配循环次数未知、需动态条件控制的场景，需手动完成变量初始化、条件判断、变量更新等流程，需注意避免无限循环。嵌套循环通过“外层控宏观、内层控微观”的逻辑，实现多层重复任务处理。break语句与continue语句则用于灵活控制循环流程，break语句可立即终止当前循环，continue语句仅跳过当前迭代。

习题 5

在线习题

编程题

1. 从键盘输入一个字符串，编写程序，统计其中英文字母、数字、空格及其他字符的个数并输出。

2. 编写一个程序，利用循环结构和辗转相除法，计算并输出用户输入的两个正整数的最大公约数。其中，辗转相除法的核心逻辑是基于两个数的最大公约数等于较小数与两数余数的最大公约数，直到余数为0时，此时的除数即为最大公约数。

3. 小猴子第一天摘了很多桃子，一口气吃掉了一半还不过瘾，于是又多吃了1个；第二天又吃掉了剩下桃子的一半加1个；以后每天都是吃掉前一天的一半加1个。到了第5天，小猴子发现只剩下了1个桃子。编写程序，计算小猴子最初摘了多少个桃子。

4. 给定角度列表angles=[0, 30, 45, 60, 90, 120, 180, 270, 360]（单位：°），已知弧度与角度的转换公式为弧度=角度×3.14/180。用for循环遍历所有角度，计算对应的弧度值，并输出“角度 X 度 → 弧度 Y（保留 2 位小数）”。

5. 持续接收用户输入的压力值（MPa），当压力大于0.8MPa时，输出“压力超限！报警！”并终止程序。

6. 现有一份多日设备参数日志，格式为嵌套列表 daily_logs=[[3000, 45, 0.7, 6.2], [3200, 48, 0.85, 6.8], [2900, 42, 0.65, 7.0]]，其中每个子列表依次代表[转速, 温度, 压力, 振动]。各参数阈值为转速≤3800r/min，温度≤45℃、压力≤0.8MPa、振动≤6.5mm/s。使用for嵌套循环遍历每日日志：检查当天的每个参数，若任意参数超限，则立即输出“X 天 X 参数超限！”并跳出内层循环（不再检查当天其他参数），直接进入下一天日志检查。

第6章

组合数据类型：组织和管理复杂数据

本章主要内容

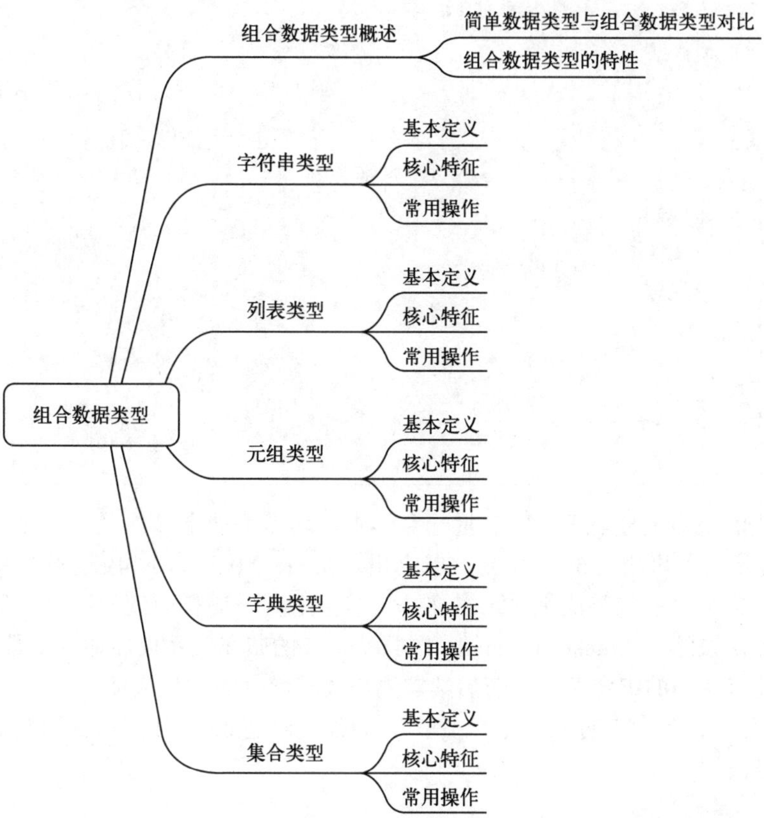

6.1 引例

前面章节介绍了使用整型、浮点型和布尔类型等简单数据类型存储单一数据，如用math_score=90记录一名学生的数学成绩；也介绍了使用循环处理多个单一数据并进行简单判断，如统计及格人数。但在实际场景中，一名学生通常需要记录姓名、语文、数学、英语等多科成绩，一个班级的成绩管理更是要同时存储几十名学生的多科分数。此时，仅靠单一变量存储数据会面临巨大挑战。如何存储一名学生的完整成绩信息，既便于后续查询、计算平均分，又能清晰体现姓名、语文、数学、英语之间的关联关系？这些数据归属同一学生，是不可拆分的整体，需使用更高效的方式进行组织。

下面介绍班级成绩管理案例，通过对比无组合数据类型与有组合数据类型的实现方式，直观感受使用组合数据类型处理复杂数据的价值。

6.1.1 无组合数据类型

【例6-1】假设需记录两名学生的姓名及语文、数学、英语成绩，若仅用简单数据类型，则需为每个数据项单独定义变量。

程序代码如下：

```
#用多个独立变量存储一名学生的多科成绩
#学生1的成绩数据
name_1="小张"
chinese_1=85
math_1=92
english_1=88
#新增学生2时，需重复定义新变量
name_2="小李"
chinese_2=78
math_2=95
english_2=83
```

这种方式的缺陷十分显著：每新增一名学生，均需手动定义姓名、语文、数学、英语共4个独立变量。若班级有50名学生，就会出现name_50、math_49这类杂乱无章的变量名，后续查找某学生的完整成绩时，需在几十甚至上百个变量中逐一核对，代码完全丧失可管理性。不仅如此，chinese_1、math_1与name_1的归属关系仅能通过变量名中的“_1”间接关联，没有明确的绑定关系，若后续需要修改某学生的数学成绩（如修正math_2的分数），还需反复确认“_2”对应的是“小李”，以避免误将math_1当作目标变量而修改，数据处理效率极低。

6.1.2 有组合数据类型

为解决上述问题，编程语言提供了组合数据类型。组合数据类型就像数据收纳盒，能将同一学生的姓名和多科成绩打包存储，同时清晰体现数据的内在关联。下面以Python中常用的列表和字典为例，使用更简洁、高效的方式管理班级成绩。

【例6-2】采用组合数据类型组织和管理例6-1中的数据。

程序代码如下：

```
#用列表存储一名学生的完整成绩
#列表按固定顺序（姓名、语文、数学、英语）存储，保持数据关联性
student_1_data=["小张",85,92,88]
student_2_data=["小李",78,95,83]

#用字典存储一名学生的完整成绩
#字典通过键值对直接标注数据含义，关联更直观
student_1_report={
    "姓名":"小张",
    "语文":85,
    "数学":92,
    "英语":88
}
student_2_report={
    "姓名":"小李",
    "语文":78,
    "数学":95,
    "英语":83
}
```

组合数据类型的优势在于其不仅能让代码更加简洁、易于扩展，还能通过统一的逻辑高效处理批量数据。相比零散的独立变量，组合数据类型能够将相关数据结构化地存储在一个整体中，避免信息碎片化，清晰展现数据之间的关系。这样一来，开发者在读取和修改程序时无需额外确认对应关系，既减少了重复代码和维护成本，也显著提升了代码的可读性与可理解性，为后续的协作与扩展提供了便利。

6.2 组合数据类型概述

编程中，整型、浮点型、布尔类型等只能存储单个值的数据类型称为简单数据类型；而组合数据类型能将多个值组合成复杂的数据结构，可根据需求（有序/无序、可变/不可变）存储不同类型、数量的数据。

6.2.1 组合数据类型的核心特性

选择组合数据类型时，需重点关注3个核心特性。

① 有序/无序：数据在容器中是否有固定位置。

a.有序：每个数据项有唯一索引，如列表元素可通过索引精确访问/修改。

b.无序：数据项无固定位置，如字典需通过唯一键访问其元素。

② 可变/不可变：容器中的数据是否可变。

a.可变：可添加、删除、修改容器内的元素，如列表、字典。

b.不可变：元素一旦创建就无法更改，如字符串、元组。

③ 元素唯一性：容器内的元素是否允许重复。

a.唯一：元素不可重复，如集合（set）。

b.非唯一：元素可重复，如列表、元组、字典（键唯一，值可重复）。

6.2.2 核心组合数据类型

Python中的5种核心组合数据类型如表6-1所示，覆盖实际场景中大多数数据管理需求。理解组合数据类型的特性是选择合适数据类型的关键，如存储固定阈值用元组（防误改）、存储动态振动数据用列表（可增删）、存储多参数结构化数据用字典（易查询）、元素去重用集合等。

表6-1 5种核心组合数据类型

类型	核心特性	适用场景	示例
字符串	有序、不可变	存储文本数据，如学生姓名、科目名称、成绩备注	"小张"、"数学"、"成绩优良"、"2024-10-01 期中测试"
列表	有序、可变	存储动态变化的序列数据，如班级学生完整成绩列表、多科成绩记录	# 单个学生姓名 + 三科成绩 ["小张",85,92,88] # 班级数学成绩 [78,95,83,69]
元组	有序、不可变	存储固定不变的数据，如考试科目列表、成绩等级划分标准	# 固定考试科目 ("语文","数学","英语") # 成绩等级阈值：合格、良好、优秀、满分 (60,70,85,100)
字典	无序、可变（键唯一）	存储结构化成绩数据，需通过含义快速查询，如学生完整成绩档案、班级成绩统计	# 单个学生成绩档案 {"姓名": "小张","语文": 85,"数学": 92,"英语": 88} # 班级成绩统计 {"及格人数": 38,"优秀人数":12}
集合	无序、可变、元素唯一（不可重复）	存储无重复信息、数据去重、成员快速判断、计算数据交集/并集	# 班级内不重复学生名单 {"小张","小李","小王"}

6.3 字符串

在班级成绩管理案例中，学生的姓名本身就是一类需要专门处理的数据，其并不像语文、数学、英语成绩那样是数值，而是一段由字符组成的文本。这类数据在编程语言中称为字符串。

字符串是一种专门用来表示文本信息的数据类型，其由一系列字符顺序排列而成，可以包括字母、数字、符号、空格、汉字等。由于文本在数据存储与信息交互中极为常见，因此字符串在程序设计中占核心地位，是学习 Python 过程中必须掌握的重要数据类型。

6.3.1 字符串的创建与访问

Python支持使用多种方式创建字符串：单引号、双引号以及三引号，语法简洁直观。其中，单引号和双引号的功能完全等效，适用于单行文本，可根据文本内容灵活选择（如文本中含有双引号时，外层用单引号，避免语法冲突）。

【例6-3】在班级成绩管理中，经常需要存储单个学生的姓名、单科成绩和评语等短文本。当需要存储多行连续文本时，使用三引号（"""）可直接保留文本的换行格式，无需手动添加换行符（\n），代码可读性更强。

程序代码如下：

```
#班级成绩管理中的信息
student_name="小张"
teacher_comment="本次考试进步明显"
multi_line_text="""小张 语文 85
数学 92
英语 88"""
```

由于字符串是有序排列的字符序列，每个字符在序列中都有唯一的索引值，因此通过索引值可精准定位并访问单个字符。Python 支持两种索引方式：正向索引（从左到右，初始为0）和反向索引（从右到左，初始为-1）。

为直观展示两种索引的对应关系，这里以“HELLO WORLD”为例，列出了每个字符的正向索引与反向索引，如图6-1所示。需要注意的是，索引值不能超出范围（如“HELLO WORLD”正向索引最大为10，反向索引最小为-11），否则会报错（IndexError）。

正向递增序号 →

0	1	2	3	4	5	6	7	8	9	10
H	E	L	L	O		W	O	R	L	D
−11	−10	−9	−8	−7	−6	−5	−4	−3	−2	−1

← 逆向递减序号

图6−1 字符串“HELLO WORLD”的索引

【例6-4】字符串索引示例。

程序代码如下：

```
string="HELLO WORLD"
print(string[6])        #输出：W（对应索引为6的字符）
print(string[-3])       #输出：R（对应索引为-3的字符）
```

6.3.2 字符串切片

除了访问单个字符外，字符串还支持切片操作，可以一次性截取字符串中的连续或间隔字符片段，是处理结构化文本的核心工具。切片操作灵活且容错性高，即使指定的索引超出字符串长度，也不会报错（仅截取到有效范围），非常适合批量提取关键信息。切片的本质是通过起始位置、结束位置、间隔步长定义截取范围，其基本语法格式如下：

```
字符串[start :end :step]
```

其中，start为起始索引（包含该位置，默认为开头）；end为结束索引（不包含该位置，默认为结尾）；step为步长（默认为1）。

字符串切片操作常用形式如表6-2所示。

表6-2 字符串切片操作常用形式

操作形式	功能	示例	结果
[start:end:step]	切片操作，按区间和步长截取子串（左闭右开，step 正负值控制切片方向）	"Python"[0:3]	"Pyt"
[start:]	省略 end，从 start 截取到末尾（正序、倒序均支持）	"Hello"[2:]	"llo"
[:end]	省略 start，从开头截取到 end 前一位（支持 -end）	"World"[:-2]	"Wor"
[::-1]	倒序全切片（step=-1），快速反转字符串	"1234"[::-1]	"4321"

6.3.3 字符串的常用操作

在 Python 中，字符串作为有序的字符序列，可以直接使用一些运算符和下标表达式进行处理，如拼接、重复、比较和检测等。这类操作语法简洁直观，常用于字符串的快速检查与基本操作。字符串的常用操作如表6-3所示。

表6-3 字符串的常用操作

操作	功能	示例	结果
+	字符串拼接，连接两个或多个字符串（仅支持字符串类型）	"语文"+"90"	"语文90"

续表

操作	功能	示例	结果
*	字符串重复，生成指定次数的重复字符串（次数需为非负整数）	"Hi" * 3	"HiHiHi"
in	成员检查，判断子串是否存在于字符串中（区分大小写）	"ell" in "Hello"	True
not in	非成员检查，判断子串是否不存在于字符串中（区分大小写）	"xyz" not in "Hello"	True
==、!=	内容相等 、不相等比较，判断两个字符串的字符序列是否完全一致	"abc"=="abc"	True
< 、<=、>、>=	字典序比较，按字符的 ASCII 码顺序逐位比较（常用于排序、筛选）	"apple" < "banana"	True
isupper()	判断字符串中的所有英文字母是否均为大写（非字母字符不影响），且至少含 1 个字母，返回布尔值	"ABC01".isupper()	True
islower()	判断字符串中的所有英文字母是否均为小写（非字母字符不影响），且至少含 1 个字母，返回布尔值	"abc01".islower()	True
isdigit()	判断字符串是否完全由数字字符(0～9)组成（无其他字符），返回布尔值	"85".isdigit()	True
len()	获取字符串的长度（中文字符、数字、符号均按 1 个字符计算）	len("ABC")	3

6.3.4 字符串的常用方法

除了运算符操作外，Python 还为字符串提供了大量内置方法，用于实现更灵活、更复杂的处理需求。例如，获取字符串长度、转换大小写、按分隔符切分、替换子串、用分隔符拼接等。这些方法往往返回新的字符串，是文本数据处理中非常实用的工具。字符串的常用方法如表 6-4 所示。

表6-4 字符串的常用方法

函数	功能	示例	结果
str()	将任意可转换对象（如整数、浮点数、布尔值等）转换为字符串类型	str(90.5)	"90.5"
upper()	将字符串中所有英文字母转换为大写，不影响非英文字符，返回新字符串	"abc".upper()	"ABC"
lower()	将字符串中所有英文字母转换为小写，不影响非英文字符，返回新字符串	"ABC".lower()	"abc"

续表

函数	功能	示例	结果
split(',')	按指定分隔符将字符串拆分为列表，默认全部分拆	"小张,数学,92".split(',')	["小张","数学","92"]
replace(a,b)	将字符串中的旧子串 a 替换为新子串 b，默认替换所有匹配项，返回新字符串	"语文85".replace("85","90")	"语文90"

6.3.5 典型案例

【例6-5】身份证号信息解析。通过字符串切片，精准提取 18 位身份证号中的地址码（前 6位）、出生日期（第7～14位）、顺序码（第15～17位，其中第 17 位奇数为男性，偶数为女性）与校验码（第18位），并格式化出生日期为易读格式，实现身份信息的快速解析。

分析：接收用户输入的身份证号；按身份证号结构规则，用切片分别提取各关键字段；将出生日期码转为“YYYY年MM月DD日”格式，并输出各字段信息。

程序代码如下：

```
#18位身份证号示例(实际使用时可替换为真实有效身份证号)
id_card="110101200001011234"
#用切片提取各段信息
address_code=id_card[0:6]              #地址码(前6位)
birth_date_str=id_card[6:14]           #出生日期(第7～14位)
sequence_code=id_card[14:17]           #顺序码(第15～17位)
check_code=id_card[17:]                #校验码(第18位)
#格式化出生日期(将YYYYMMDD转换为"YYYY年MM月DD日")
birth_year=birth_date_str[0:4]
birth_month=birth_date_str[4:6]
birth_day=birth_date_str[6:8]
formatted_birth_date=f"{birth_year}年{birth_month}月{birth_day}日"
#输出解析结果
print(f"身份证号:{id_card}")
print(f"地址码(出生地):{address_code}")
print(f"出生日期:{formatted_birth_date}")
print(f"顺序码:{sequence_code}")
print(f"校验码:{check_code}")
```

程序运行结果如下：

```
身份证号:110101200001011234
地址码(出生地):110101
```

```
出生日期:2000年01月01日
顺序码:123
校验码:4
```

【例6-6】在用户注册、设备登录等场景中，弱密码容易被暴力破解。一个常见的强密码规则是必须包含大写字母、小写字母、数字和特殊字符。编写程序，对用户设置的密码进行强度检测，并输出检测结果。

分析：逐一检查密码中的每个字符，记录是否出现过4类字符（大写字母、小写字母、数字和特殊字符），并结合长度条件进行判断。

程序代码如下：

```
pwd=input("请输入密码:")
has_upper=False
has_lower=False
has_digit=False
has_special=False
for ch in pwd:
    if ch.isupper():
        has_upper=True
    elif ch.islower():
        has_lower=True
    elif ch.isdigit():
        has_digit=True
    else:
        has_special=True
if has_upper and has_lower and has_digit and has_special:
    print("密码强度合格。")
else:
    print("密码强度不足，请重新设置。")
```

程序运行结果如下：

```
请输入密码:abc123
密码强度不足，请重新设置。

请输入密码:Abc123!@
密码强度合格。
```

【例6-7】编写程序，实现摄氏温度与华氏温度的自动双向转换。要求用户输入带有符号的温度值（如36C或100F），程序能自动识别输入类型并输出相应的转换结果。

分析：读取用户输入的字符串，根据最后一个字符判断温度单位，若是C/c，则按公式f=1.8c+32将其转换为华氏温度；若是F/f，则按公式c=(f−32)/1.8将其转换为摄氏温度；若格式不符合规则，则提示输入错误。

程序代码如下：

```
TempStr=input("请输入带有符号的温度值:")
if TempStr[-1] in ['C','c']:
    C=float(TempStr[:-1])
    F=1.8*C+32
    print(f"转换后的温度是 {F:.2f}F")
elif TempStr[-1] in ['F','f']:
    F=float(TempStr[:-1])
    C=(F-32)/1.8
    print(f"转换后的温度是 {C:.2f}C")
else:
    print("输入格式错误！")
```

程序运行结果如下：

```
请输入带有符号的温度值:36C
转换后的温度是 96.80F

请输入带有符号的温度值:100f
转换后的温度是 37.78C

请输入带有符号的温度值:100
输入格式错误!
```

【例6-8】在设备监测中，日志文件常以固定格式记录运行状态，如时间、设备ID、振动峰值等。编写程序，从原始日志中提取关键信息并生成规范化报告。

分析：日志是一段字符串，可以首先使用split()方法按逗号将其分隔为列表，从而将复杂文本转换为结构化数据；然后，分别提取时间、设备ID和振动峰值，并将振动峰值从字符串型转换为浮点型；最后，通过f-string输出规范报告。

程序代码如下：

```
#原始日志文本(格式:时间,设备ID,振动峰值)
raw_log="2024-09-01 08:00,B-01,8.5"
#按逗号分隔字符串，返回列表
log_parts=raw_log.split(',')  #['2024-09-01 08:00','B-01','8.5']
#提取各项数据
log_time=log_parts[0]                      #时间
device_id=log_parts[1]                     #设备ID
vibration_value=float(log_parts[2])        #振动峰值(转换为浮点型)
```

```
#输出规范化报告
print("从原始日志中解析出的数据:")
print(f"监测时间:{log_time}")
print(f"设备编号:{device_id}")
print(f"振动峰值:{vibration_value} mm/s")
```

程序运行结果如下:

```
从原始日志中解析出的数据:
监测时间:2024-09-01 08:00
设备编号:B-01
振动峰值:8.5 mm/s
```

6.4 列表

在编程中，开发者经常需要同时管理多个数据。字符串能存储一连串字符，但其是不可变的，一旦创建就不能修改。列表则像一个智能收纳盒，可以有序地存放多个元素，而且支持动态增删改查。因此，列表是Python中非常常用且非常灵活的数据结构之一。

6.4.1 列表的创建

Python 提供了两种常用的列表创建方式，如表6-5所示。

表6-5 列表常用创建方式

创建方式	语法说明	示例

方括号“[]”创建	直接用“[]”包裹元素，元素间用逗号分隔，支持混合类型	# 创建空列表
		alist=[]
		# 成绩列表
		scores=[85,92,88,79]
		# 混合信息（姓名 + 成绩 + 是否及格）
		student_info=["小张",85,True]

list() 函数转换	将可迭代对象（如字符串、元组）转换为列表、将现有数据转换为列表	# 创建空列表
		alist=list()
		# 将字符串转换为列表
		scores_str="85,92,78,95,60"
		scores_list=list(scores_str.split(","))
		# 将元组转换为列表
		subject_tuple=("语文","数学","英语")
		subject_list=list(subject_tuple)

6.4.2 列表的索引与切片

作为有序序列，列表与字符串的索引、切片语法完全通用，且规则一致：索引正向从0开始、反向从-1开始；切片采用list[start:end:step]格式，遵循左闭右开原则，可直接复用字符串的定位逻辑。

列表与字符串的核心差异在于可变性：字符串不可变，通过索引仅能读取字符，无法修改；列表可变，支持通过“列表[索引]=新值”直接修改指定位置的元素，这也是列表适合动态数据管理的关键特性。

【例6-9】列表基本操作示例。

程序代码如下：

```
scores=[85,92,78,90,88]
#索引
print(scores[0])      #输出 85
print(scores[-1])     #输出 88
#切片
print(scores[1:4])  #输出 [92,78,90]
print(scores[::2])  #输出 [85,78,88]
#修改(字符串中不能这样做)
scores[0]=95
print(scores)         #输出 [95,92,78,90,88]
```

列表不仅可以存储数字、字符串等基本数据类型，还可以存储列表本身，从而形成嵌套列表，这在表示二维表格、矩阵等数据时非常有用。访问或修改嵌套列表时使用多重索引：第一个索引确定第几行，第二个索引确定第几列，以此类推。需要注意的是，Python列表支持任意层次的多重嵌套，只是层数越多，索引操作也越复杂。

【例6-10】嵌套列表引用示例。

程序代码如下：

```
#3位学生的3门课程成绩:语文、数学、英语
scores=[
    [85,90,88],        #小张的成绩
    [78,92,80],        #小李的成绩
    [90,85,95]         #小王的成绩
]
print("小张的数学成绩:",scores[0][1])    #90
print("小王的英语成绩:",scores[2][2])    #95
#修改小李的英语成绩(由80改为85)
scores[1][2]=85
print("修改后的成绩表:",scores)
```

程序运行结果如下：

```
小张的数学成绩：90
小王的英语成绩：95
修改后的成绩表：[[85,90,88],[78,92,85],[90,85,95]]
```

6.4.3 列表的基本操作

与字符串类似，列表也支持拼接、重复、成员检查等基础操作，如表6-6所示。

表6-6 列表的基本操作

操作	功能	示例	结果
+	拼接：连接两个列表，生成新列表	[1,2]+[3,4]	[1,2,3 4]
*	重复：将列表整体重复指定次数	[1,2] * 2	[1,2,1,2]
in	成员检查：判断元素是否在列表中	1 in [1,2,3 4]	True
not in	非成员检查：判断元素是否不在列表中	0 not in [1,2,3 4]	True
==、!=	相等比较：判断两个列表的内容与顺序是否完全一致	[1,2]==[1,2]	True
<、<=、>、>=	逐位比较：按索引逐个元素比较大小	[1,2]<[1,3]	True
len()	统计列表元素个数	len([1,2,3,4])	4
min()	获取最小值	min([1,2,3,4])	1
max()	获取最大值	max([1,2,3,4])	4
sum()	计算元素总和	sum([1,2,3,4])	10

6.4.4 列表的增删改查操作

列表的最大优势在于可变性，其通过内置方法可以灵活管理数据，如表6-7所示。

表6-7 列表的增删改查操作

操作类型	方法 / 语法	功能	示例	结果
增加	list.append(元素)	在列表末尾添加 1 个元素	[1,2,3].append(4)	[1,2,3,4]
	list.extend(列表)	用另一个列表的元素扩展当前列表	[1,2].extend([3,4])	[1,2,3,4]
	list.insert(索引，元素)	在指定索引位置插入 1 个元素	[1,3,4].insert(1,2)	[1,2,3,4]

续表

操作类型	方法 / 语法	功能	示例	结果
删除	list.pop(索引)	删除指定索引的元素，返回被删除的值	lst=[1,2,3]; lst.pop (1)	lst=[1,3] 返回 2
	list.remove(值)	删除第一个匹配“值”的元素	[1,2,3,2].remove(2)	[1,3,2]
	del list[索引]	直接删除指定索引的元素	lst=[1,2,3] del lst[1]	[1,3]
	list.clear()	清空列表中的所有元素	[1,2,3].clear()	[]
修改	list[索引]= 新值	直接通过索引修改元素值	lst=[1,2,3] lst[1]=9	[1,9,3]
查询	list.index(元素)	查找元素的第一个匹配索引	[1,2,3].index (2)	1

6.4.5 典型案例

【例6-11】在期末成绩管理中，通过程序自动完成某科成绩的平均分计算、及格人数统计、等级划分（85分以上优秀，70分以上良好，60分以上及格，60分以下不及格）、最高分学生查找等任务。

分析：首先创建班级成绩列表，并利用 sum() 和 len()函数计算平均分，同时循环统计及格人数；然后根据成绩划分规则生成成绩等级列表；最后使用 max()函数找到最高分，并记录所有最高分学生的索引，实现成绩的统计、分级和查找等综合管理。

程序代码如下：

```
#创建成绩列表(单位:分)
scores=[85,92,78,55,95,60,72,88,58,80]
print(f"成绩列表:{scores}")
#计算平均分与及格人数
total=sum(scores)
avg=round(total/len(scores),1)   #平均分保留1位小数
pass_count=0
for score in scores:
    if score>=60:
        pass_count+=1
print(f"\n平均分:{avg}分")
print(f"及格人数(≥60分):{pass_count}人")
#生成成绩等级列表
grade_list=[]
for score in scores:
```

```
    if score>=85:
        grade="优秀"
    elif score>=70:
        grade="良好"
    elif score>=60:
        grade="及格"
    else:
        grade="不及格"
    grade_list.append(grade)
print(f"成绩等级列表:{grade_list}")
#查找最高分及对应索引(支持多个最高分)
max_score=max(scores)
max_indices=[]
for idx,score in enumerate(scores):
    if score==max_score:
        max_indices.append(idx)
print(f"\n最高分:{max_score}分，对应学生索引:{max_indices}")
```

程序运行结果如下:

```
成绩列表:[85,92,78,55,95,60,72,88,58,80]

平均分:76.3分
及格人数(≥60分):8人
成绩等级列表:['优秀','优秀','良好','不及格','优秀','及格','良好','优秀','不及格','良好']

最高分:95分，对应学生索引:[4]
```

【例6-12】员工薪资调整与阈值筛选。编写程序，实现对员工薪资进行批量调整(低于5000元涨5%，大于或等于5000元涨3%)，并查找最高薪资的员工。

分析：首先创建初始薪资列表，并找到最高薪资及对应索引；然后根据薪资调整规则遍历修改列表，并保留2位小数。

程序代码如下:

```
#创建初始薪资列表(单位:元)
salary=[5000,6500,4800,7200,5500,6000,4900,7500,5200,6800]
print(f"初始薪资列表:{salary}")
#查找薪资最高的员工(薪资值+对应索引)
max_sal=max(salary)
max_indices=[]  #存储所有最高薪资的索引
```

```
for idx,s in enumerate(salary):
    if s==max_sal:
        max_indices.append(idx)
print(f"\n最高薪资:{max_sal}元，对应员工索引:{max_indices}")

#薪资调整(低于5000元涨5%，大于或等于5000元涨3%)
adjusted_salary=[]
for s in salary:
    if s<5000:
        new_s=round(s*1.05,2)
    else:
        new_s=round(s*1.03,2)
    adjusted_salary.append(new_s)
print(f"调整后薪资列表:{adjusted_salary}")
```

程序运行结果如下：

```
初始薪资列表:[5000,6500,4800,7200,5500,6000,4900,7500,5200,6800]

最高薪资:7500元，对应员工索引:[7]
调整后薪资列表:[5150.0,6695.0,5040.0,7416.0,5665.0,6180.0,5145.0,7725.0,
5356.0,7004.0]
```

【例6-13】 在工业设备运行过程中，传感器会持续采集温度、振动、压力等数据。为了降低偶然波动对趋势判断的干扰，常用的方法是滑动平均，即在相邻的数据点上取局部平均（如窗口大小=3，步长=2），从而平滑曲线，更好地反映设备运行趋势。

分析：首先获取设备采集的振动数据；然后计算平均值与最大值，初步描述设备状态；最后在原始数据上，采用滑动平均生成平滑数据序列。

程序代码如下：

```
#原始振动数据(单位:g)
data=[10.5,9.8,11.2,10.9,12.5,11.8,13.2,12.9,14.1]
#计算平均值与最大值
avg=sum(data)/len(data)
max_val=max(data)
print("平均值:",round(avg,2))
print("最大值:",max_val)
#滑动平均(窗口大小=3，步长=2)
smoothed=[]
for i in range(0,len(data)-2,2):
    window=data[i:i+3]
```

```
    smoothed.append(round(sum(window)/3,2))
print("平滑后的数据:",smoothed)
```

程序运行结果如下：

```
平均值： 11.88
最大值： 14.1
平滑后的数据： [10.5,11.53,12.5,13.4]
```

6.5 元组

元组与列表非常相似，都是有序序列，支持索引访问。两者有一个关键区别，即元组不可变（创建后无法修改、添加、删除元素）。元组的不可变特性使其成为存储固定数据的理想选择，如设备配置参数、安全阈值、地理坐标等，能有效防止数据被意外修改，确保程序运行的稳定性。

6.5.1 元组的创建与访问

元组的创建语法与列表类似，但需通过圆括号“()”标识，且存在一个特殊规则：当元组中只有单个元素时，必须在元素后加逗号，否则会被识别为普通括号表达式。Python 提供了两种常用的元组创建方式：直接使用圆括号、利用内置函数 tuple()。

【例6-14】元组创建示例。

程序代码如下：

```
#第一种创建方式:直接使用圆括号
t1=(10,20,30)           #多个元素
t2=(50,)                #单个元素，必须在元素后加逗号
t3=()                   #空元组
#第二种创建方式:利用内置函数 tuple()
t4=tuple([1,2,3])       #列表转换为元组(1,2,3)
t5=tuple("abc")         #字符串转换为元组('a','b','c')
```

元组作为有序序列，其访问逻辑与列表、字符串完全一致：支持正向索引（从 0 开始）和反向索引（从-1开始），可通过索引精准获取单个元素，也支持切片获取连续片段。但是，元组与列表的核心差异在于，元组仅支持读取，无法通过索引修改元素。

元组虽不可变，但支持与列表类似的基础操作（如拼接、重复、成员检查等，参考表6-6），这些操作均生成新元组，不修改原元组。

【例6-15】元组基本操作示例。

程序代码如下：

```
safe_range=(0.5,2.0)
#访问第一个元素(下限)
print(safe_range[0])     #输出0.5
#访问第二个元素(上限)
print(safe_range[1])     #输出2.0
#尝试修改元组元素(会报错)
try:
    safe_range[1]=2.5    #试图将上限改为2.5
except TypeError as e:
    print(f"修改失败:{e}")
```

6.5.2 元组的解包

元组的解包是其核心实用功能，可将元组中的元素一次性赋值给多个变量，无需通过索引逐个提取，代码更简洁。若元组的元素数量与变量数量不匹配，可通过“*”标识接收多个元素，生成列表（仅支持一个“*”），适用于部分固定+部分可变的结构化数据。

【例6-16】元组的解包示例。

程序代码如下：

```
#基础解包:元素数量与变量数量一致
student_math=("小张",92)
name,math_score=student_math
print(f"{name}的数学成绩:{math_score}分")   #输出小张的数学成绩:92分

#扩展解包:用"*"接收多个元素
student_scores=("小李",85,95,88)
name,*subject_scores=student_scores
print(f"{name}的多科成绩:{subject_scores}")   #输出小李的多科成绩
print(f"成绩类型:{type(subject_scores)}")     #输出成绩类型
```

6.5.3 典型案例

【例6-17】在设备监测系统中，安全阈值是核心配置，若程序运行中被意外修改（如误将振动阈值从 8.5 改为 18.5），会导致报警逻辑失效。

分析：使用元组可以确保配置参数不被修改。

程序代码如下：

```
#使用元组存储设备固定配置(设备编号、温度阈值、振动阈值)
device_config=("Exp-01",35.0,8.5)
```

```
#解包配置参数，便于后续使用
device_id,temp_threshold,vibration_threshold=device_config
print(f"设备{device_id}配置:")
print(f"温度安全阈值:≤{temp_threshold}℃")
print(f"振动安全阈值:≤{vibration_threshold}mm/s")
#模拟意外修改操作(验证元组的不可变性)
print("\n尝试修改振动阈值为9.0...")
try:
    device_config[2]=9.0   #试图修改元组第3个元素(振动阈值)
except TypeError as e:
    print(f"修改被阻止:{e}")
#结论:元组可确保配置参数始终为初始值，避免误改
```

元组的不可变不是缺点，而是优势，在存储固定数据（如配置、阈值、常量）时，其能强制保证数据的完整性，防止程序逻辑因意外修改而出错。相比之下，若用列表存储配置，可能因误写list[2]=9.0而导致严重问题。

6.6 字典

字典是 Python 中另一种重要的数据结构，用于存储键值（key value）对。键-值对类似于查字典或数据库表中的索引–内容映射：通过唯一的键（key）即可快速找到对应的值（value）。字典采用“{}”定义，键和值之间用冒号“:”分隔，多个键值对之间用逗号“,”分隔。

与列表、元组相比，字典最大的特点是通过键而非位置访问数据，且键必须是不可变类型（如字符串、数字、元组），值则没有限制，可以是任意类型。字典通过有含义的键访问对应的值，无需记忆顺序，是存储结构化数据的最佳选择。

6.6.1 字典的创建与访问

6.6.1.1 字典的创建

字典可以通过“{}”或内置函数dict()创建。

【例6-18】字典创建示例。

程序代码如下：

```
#通过"{}"创建
d1={}    #创建空字典
d2={"a":1,"b":2,"c":3}
#使用内置函数 dict()创建
d3=dict()   #创建空字典
d4=dict([("a",1),("b",2),("c",3)])   #通过元组/列表创建字典
```

```
d5=dict(a=1,b=2,c=3)                    #使用关键字参数创建字典
```

6.6.1.2 字典的访问

字典的核心访问逻辑是通过键找值，主要有两种方式：直接通过键访问和使用get()方法访问。

（1）直接通过键访问字典

直接通过键获取对应值（语法格式为“dict[键]”），语法简洁，适用于确定键存在的场景。若键不存在，会报KeyError，故需提前确认键的有效性。

【例6-19】字典键值访问示例。

程序代码如下：

```
d={"a":1,"b":2,"c":3}
print(d["a"])     #输出:1
#print(d["d"])    #键不存在会报 KeyError
```

（2）使用get()方法访问字典

通过“字典名.get(键, 默认值)”格式访问字典，键存在时返回对应值，键不存在时返回指定的“默认值”（默认值可选，不填则返回None）。使用get()方法访问字典可避免报错，更适合不确定键是否存在的场景。

【例6-20】使用get()方法访问键值示例。

程序代码如下：

```
d={"a":1,"b":2,"c":3}
print(d.get("b"))           #输出:2(键存在)
print(d.get("d"))           #输出:None(键不存在，返回默认值)
print(d.get("d",0))         #输出:0(键不存在，返回指定默认值)
```

此外，字典也支持嵌套访问，需通过外层键→内层键的多层访问逻辑获取嵌套值。

【例6-21】嵌套字典键值访问示例。

程序代码如下：

```
#嵌套字典:每个学生对应多门课程成绩
grades={
    "小明":{"语文":85,"数学":90,"英语":78},
    "小红":{"语文":92,"数学":88,"英语":95}
}
#获取小明的数学成绩
print(grades["小明"]["数学"])  #输出:90
```

```
#获取小红的英语成绩
print(grades["小红"]["英语"])  #输出:95
#使用 get() 方法获取，避免报错
print(grades.get("小明",{}).get("物理","暂无成绩"))  #输出:暂无成绩
```

6.6.2 字典的基本操作

在Python中，字典除了具有基本的键值访问和修改功能外，还提供了丰富的内置操作函数和方法，用于判断键是否存在、获取字典长度、统计值的最大/最小或总和，以及复制字典等常见操作。字典的基本操作如表6-8所示。

表6-8 字典的基本操作

操作	功能	示例	结果
in	判断键是否在字典中（仅检查键，不检查值）	`d={"a":1,"b":2,"c":3}` `print("b" in d)`	`True`
not in	判断键是否不在字典中	`d={"a":1,"b":2,"c":3}` `print("d" not in d)`	`True`
len()	获取字典中键值对的总个数	`d={"a":1,"b":2,"c":3}` `print(len(d))`	3
max(dict.values())	获取字典所有值的最大值（仅支持数值型值）	`d={"a":1,"b":2,"c":3}` `print(max(d.values()))`	3
min(dict.values())	获取字典所有值的最小值（仅支持数值型值）	`d={"a":1,"b":2,"c":3}` `print(min(d.values()))`	1
sum(dict.values())	计算字典所有值的总和（仅支持数值型值）	`d={"a":1,"b":2,"c":3}` `print(sum(d.values()))`	6

dict.copy()	复制字典（表层键值对），避免引用赋值修改原字典	`d={"a":1,"b":2,"c":3}`
		`d1=d.copy()`
		`d1["a"]=0`
		`print(d,d1)`
			`{"a":1,"b":2,"c":3}; {"a":0,"b":2,"c":3}`

6.6.3 字典的增删改查操作

字典不仅可以进行基本的键值访问和修改，还提供了一系列常用操作来增加、修改、删除、查询和遍历键值对，如表6-9所示。

表6-9　字典的增删改查操作

操作类型	方法 / 语法	功能	示例及结果
增加、修改	dict[键]= 值	键存在则修改对应值，键不存在则新增键值对	d={"a":1,"b":2} d["c"]=3 # 新增 d["a"]=0 # 修改 # 字典变为 {"a":0,"b":2,"c":3}
	dict.update(其他字典)	用 “其他字典” 更新当前字典，键存在则覆盖，不存在则新增	d={"a":1,"b":2} d.update({"b":3,"d":4}) # 字典变为 {"a":1,"b":3,"d":4}
删除	del dict[键]	直接删除指定键的键值对（无返回值），键不存在则报KeyError	d={"a":1,"b":2} del d["b"] # 字典变为 {"a":1}
	dict.pop(键 , 默认值)	删除指定键的键值对，返回被删除的值；键不存在则返回默认值	d={"a":1,"b":2} val=d.pop("b",0) print(val) # 字典变为 {"a":1}，返回值为 2
	dict.clear()	清空字典所有键值对，返回空字典	d={"a":1,"b":2} d.clear() # 字典变为 {}
查询	键 in dict	判断键是否在字典中，返回布尔值	d={"a":1,"b":2} print("a" in d) # 结果为 True print("c" in d) # 结果为 False
	dict.keys()	返回所有键的可迭代对象，可转换为列表	d={"a":1,"b":2} keys=list(d.keys()) # 结果为 ["a","b"]
	dict.values()	返回所有值的可迭代对象，可转换为列表	d={"a":1,"b":2} vals=list(d.values()) # 结果为 [1,2]
遍历	for 键 in dict	遍历字典所有键（默认遍历方式）	d={"a":1,"b":2} for k in d: print(k) 输出： a b
	for 键 , 值 in dict.items()	遍历所有键值对（同时获取键和值，最常用）	d={"a":1,"b":2} for k,v in d.items(): print(f"{k}:{v}") 输出： a:1 b:2

6.6.4 典型案例

【例6-22】在期末成绩统计中，需要将学生的姓名–成绩字典转换为姓名–等级字典（等级规则：≥85 优秀、70～84 良好、60～69 合格、<60 不合格），同时统计各等级的人数。通过字典的遍历与增删改操作可高效完成该任务。

分析：创建学生成绩字典（键＝姓名，值＝分数）；遍历学生成绩字典，通过条件判断生成每个学生的等级，存入新的学生成绩等级字典；初始化学生成绩等级统计字典（键＝等级，值＝人数），遍历学生成绩等级字典，更新统计结果；输出学生成绩等级字典与统计结果，确保数据清晰可追溯。

程序代码如下：

```
#创建学生成绩字典
scores={
    "小张":69,
    "小李":93,
    "小王":82,
    "小赵":78,
    "小周":56,
    "小孙":89
}
print(f"学生成绩字典:{scores}")

#生成学生成绩等级字典
grade_dict={}
for name,score in scores.items():
    if score>=85:
        grade="优秀"
    elif score>=70:
        grade="良好"
    elif score>=60:
        grade="合格"
    else:
        grade="不合格"
    grade_dict[name]=grade
print(f"\n学生成绩等级字典:{grade_dict}")

#统计各等级人数
grade_count={"优秀":0,"良好":0,"合格":0,"不合格":0}
for grade in grade_dict.values():
    grade_count[grade]+=1
print(f"\n各等级人数统计:")
```

```
for grade,count in grade_count.items():
    print(f"{grade}:{count}人")
```

程序运行结果如下：

```
学生成绩字典：{'小张':69,'小李':93,'小王':82,'小赵':78,'小周':56,'小孙':89}

学生成绩等级字典：{s'小张':'合格','小李':'优秀','小王':'良好','小赵':'良好','小周':'不合格','小孙':'优秀'}

各等级人数统计：
  优秀：2人
  良好：2人
  合格：1人
  不合格：1人
```

【例6-23】在振动监测中，可对每个样本的峰值和有效值与阈值进行对比，判断是否超限，并将状态存入嵌套字典，同时统计超限样本数量，实现快速报警。

分析：通过列表存储振动样本数据，计算每个样本的峰值和有效值，再与阈值进行比较，将结果存入嵌套字典，同时统计超限样本数量，实现快速报警与状态管理。

程序代码如下：

```
import math
#振动样本数据
vibration_data=[
[4.5,4.8,4.7,4.6],     #样本1
[7.5,6.8,7.2,7.0],     #样本2
[5.5,5.2,5.3,5.4]      #样本3
]

#计算峰值和有效值，存入字典
vib_dict={}
for i,numbers in enumerate(vibration_data,1):
    peak=max(numbers)
    square_sum=0
    for x in numbers:
        square_sum+=x**2
    rms=round(math.sqrt(square_sum/len(numbers)),2)
    vib_dict[f"样本{i}"]={"峰值":peak,"有效值":rms}
```

```
#设定阈值
thresholds={"峰值":7.0,"有效值":5.0}

#生成报警状态字典
alarm_dict={}
for sample,features in vib_dict.items():
    alarm_dict[sample]={}
    alarm_dict[sample]["峰值"]="超限" if features["峰值"]>thresholds
    ["峰值"] else "正常"
    alarm_dict[sample]["有效值"]="超限" if features["有效值"]>
    thresholds["有效值"] else "正常"

#输出报警状态
for sample,status in alarm_dict.items():
    print(f"{sample}:峰值{status['峰值']},有效值{status['有效值']}")

#统计超限样本数量
total_alarms=0
for status in alarm_dict.values():
    if "超限" in status.values():
        total_alarms+=1
print(f"\n总共超限样本数量:{total_alarms}个")
```

程序运行结果如下：

```
样本1:峰值正常,有效值正常
样本2:峰值超限,有效值超限
样本3:峰值正常,有效值超限

总共超限样本数量:2个
```

例6-23中的enumerate()函数是Python的一个内置函数，一般用在for循环中，用于将一个可遍历的数据对象（如列表、元组、字符串）组合为一个索引序列，同时列出数据和数据下标（索引）。enumerate()函数的基本语法格式如下：

```
enumerate(iterable,start=0)
```

enumerate()函数的参数说明如下：

① iterable：一个可迭代对象（如列表、元组、字符串等）。

② start：索引的起始值，默认为0。

enumerate()函数使用示例：

```
fruits=['apple','banana','cherry']
for index,fruit in enumerate(fruits):
    print(index,fruit)
```

程序运行结果如下：

```
0 apple
1 banana
2 cherry
```

6.7 集合

集合是Python提供的一种内置数据结构，用于存储一组无序、不可重复的元素。集合类似于数学中的集合概念，常用于去重、成员测试以及集合间运算（并、交、差等）。集合使用“{}”定义，元素之间用逗号分隔；也可以通过内置函数 set() 创建。与列表、元组相比，集合有以下特点。

① 元素唯一：自动去重，不允许出现重复元素。

② 无序存储：没有索引位置，不能用下标访问，只能通过遍历或成员测试进行访问。

③ 元素类型限制：集合的元素必须是不可变类型（如数字、字符串、元组），而列表、字典等可变类型不能作为集合元素。

6.7.1 集合的创建与访问

6.7.1.1 集合的创建

集合的创建方式主要有两种：“{}”和set()函数。

【例6-24】集合创建示例。

程序代码如下：

```
#通过"{}"创建
s1={1,2,3,3,4}
print(s1)   #输出:{1,2,3,4}，自动去重
#通过内置函数 set() 创建
s2=set([1,2,2,3,4])
print(s2)   #输出:{1,2,3,4}
#创建空集合时必须使用 set()函数，"{}"会被识别为字典
s3=set()
print(s3)   #输出:set()
```

6.7.1.2 集合的访问

集合的核心访问逻辑是判断元素是否存在，而不是通过位置索引访问。

【例6-25】集合元素判断示例。

程序代码如下：

```
s={1,2,3}
print(2 in s)      #输出:True，2 在集合中
print(5 not in s) #输出:True，5 不在集合中
```

6.7.2 集合的常用操作

集合提供了丰富的操作方法，支持集合之间的并集、交集、差集和对称差集等运算，还可以增删元素。集合的常用操作如表6-10所示。

表6-10 集合的常用操作

操作	功能	示例	结果
in、not in	判断元素是否在集合中	s={1,2,3} print(2 in s)	True
len()	获取集合中的元素个数	s={1,2,3} print(len(s))	3
set.add(x)	向集合中添加元素	s={1,2} s.add (3) print(s)	{1,2,3}
set.remove(x)	删除指定元素（不存在时报错）	s={1,2,3} s.remove (2) print(s)	{1,3}
set.discard(x)	删除指定元素（不存在时不报错）	s={1,3} s.discard (4)	{1,3}
set.clear()	清空集合	s={1,3} s.clear()	set()
set1|set2	并集（合并所有元素，去重）	{1,2}|{2,3}	{1,2,3}
set1&set2	交集（共同元素）	{1,2,3}&{2,3,4}	{2,3}
set1-set2	差集（只在前集合中）	{1,2,3}-{2,3}	{1}
set1^set2	对称差集（只在一个集合中）	{1,2,3}^{3,4}	{1,2,4}

6.7.3 典型案例

【例6-26】在学生选课统计中，需要快速判断学生是否选修某门课程，并统计所有选修课程的并集、交集和差集情况。

分析：用集合存储学生选修课程（自动去重），利用集合运算实现统计与对比，其中并集表示所有开设课程，交集表示所有学生共同课程，差集表示某学生特有课程。

程序代码如下：

```
#学生选课集合
xiaozhang={"Python","C语言","Java"}
xiaoli={"Python","C语言","C++"}
print(f"小张的课程:{xiaozhang}")
print(f"小李的课程:{xiaoli}")
#判断课程是否选修
print("Python" in xiaozhang)        #True
print("Go语言" in xiaozhang)         #False
#统计集合运算结果
print("\n所有开设课程(并集):",xiaozhang | xiaoli)
print("共同课程(交集):",xiaozhang & xiaoli)
print("小张特有课程(差集):",xiaozhang-xiaoli)
```

程序运行结果如下：

```
小张的课程:{'Python','Java','C语言'}
小李的课程:{'Python','C语言','C++'}
True
False

所有开设课程(并集):{'Python','Java','C语言','C++'}
共同课程(交集):{'Python','C语言'}
小张特有课程(差集):{'Java'}
```

本章小结

本章介绍了Python中的5种核心组合数据类型：字符串、列表、元组、字典与集合。其中，字符串适合文本处理，列表便于动态存储与修改，元组用于固定配置，字典可以高效管理键值映射，集合则用于去重与集合运算。读者应掌握这5种核心组合数据类型在有序/无序、可变/不可变等特性上的差异，并能结合典型操作灵活选型。

习题6

在线习题

编程题

1.给定日志条目 log="ERROR:设备C-01,压力超限,0.95MPa"，编写程序，提取设备编号和压力值，并用 f-string输出规范报告，如“设备C-01出现压力超限，值为

0.95MPa”，要求使用 split() 函数分割日志并提取信息。

2. 给定 IP 地址字符串 `ip="192.168.1.1"`，编写程序，将IP地址拆分为4段数字，并存入列表 segments 中，最终输出 segments。

3. 某学生 5 门课程成绩为 scores=[85, 92, 76, 55, 65]，编写程序，计算平均成绩（保留1位小数）并统计及格课程数（≥60 分），最终输出结果。

4. 定义元组 `config=("设备A-01",0.8,45)`，分别表示设备编号、压力阈值（MPa）和温度阈值（℃），编写程序，使用元组解包输出各项信息，格式如“设备编号：设备A-01，压力阈值：0.8MPa，温度阈值：45℃”。

5. 有一份学生成绩字典 `grades={"小明":85,"小李":92,"小王":76}`，编写程序，输出所有学生成绩，并找出最高分及对应学生姓名，输出格式如“小明：85，小李：92，小王：76；最高分：92，学生：小李”。

6. 编写程序，管理用户登录信息。创建字典，存储用户名和密码（kaul:K1234, John:John123, Rose:Flower3, Jack:J9871），从键盘输入用户名和密码，依次判断用户名和密码是否正确，若均正确则提示“登录成功，是否修改密码？输入Y修改密码，输入N不修改”，若输入Y，则完成密码修改并输出修改后的字典。

第 7 章

函数

本章主要内容

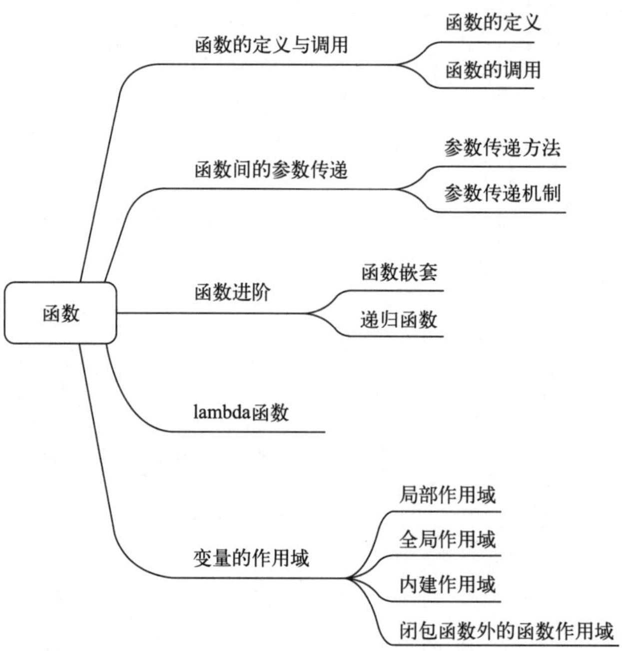

7.1 引例

【例 7-1】从键盘输入两个数，计算两数之和并输出结果。要求两数求和功能使用自定义函数实现。

程序代码如下：

```
def add(a,b):
```

```
    result=a+b
    return result
x,y=eval(input("请输入两个数"))
s=add(x,y)
print("{}+{}={}".format(x,y,s))
```

程序运行结果如下：

```
请输入两个数3,5
3+5=8
```

本例演示了自定义函数使用的全过程，主程序调用自定义函数add()来计算两个数的和，将返回的结果存储在变量s中并输出。

【例7-2】 从键盘输入三角形的3条边长，求三角形面积并输出。要求计算三角形面积的功能使用自定义函数实现。

分析：求三角形的面积是一个独立的功能，可以设计为自定义函数。要完成三角形面积的求解，需要的数据是三角形的3条边长，因此可以将自定义函数的参数设计为3条边长。

程序代码如下：

```
import math
def tri_area(x,y,z):
    s=(x+y+z)/2
    area=math.sqrt(s*(s-x)*(s-y)*(s-z))
    return area
a,b,c=eval(input("输入三角形三边长"))
if a+b>c and a+c>b and b+c>a:
    area_tri=tri_area(a,b,c)
    print("三角形的面积是:{:.2f}".format(area_tri))
else:
    print("输入的三边长构不成三角形")
```

一段具有特定功能的、可重用的语句组可以封装为函数。函数也可以看作一段具有名字的子程序，可以在需要的地方调用执行，而不需要在每个执行的地方重复编写这些语句。每次使用函数时可以提供不同的参数作为输入，以实现对不同数据的处理；函数执行后，还可以返回相应的处理结果。

用户自己编写的函数称为自定义函数。除此之外，Python安装包也自带了一些函数和方法，包括Python内置的函数（如abs()、eval()）和Python标准函数库中的函数（如math库中的sqrt()）等。

在Python程序设计中，使用函数可有效提高代码的复用性和可维护性。将具有独立功能的代码模块封装成自定义函数是非常重要的模块化设计方法，通过模块化设计可将复杂问题分解为更小的逻辑单元，使代码层次更加清晰，易于理解和调试。

在使用自定义函数时，需要关注以下问题：函数的定义、函数的调用和函数间的参数传递。

7.2 函数的定义与调用

7.2.1 函数的定义

Python包含内置函数和用户自定义函数。内置函数是Python事先定义好的程序，用户可以直接使用，如pow()、input()、print()等。用户也可以将具有独立功能的代码块封装为自定义函数，函数定义的基本语法格式如下：

```
def 函数名(参数1,参数2,…):
    函数体代码
    return 返回值  #可选，无 return 时默认返回 None
```

关于函数定义的说明如下。

① def语句，用关键字def（def是英文define的缩写）定义函数。def与函数名之间有一个空格。def语句以冒号结尾，后面的函数体与def语句之间有缩进关系（通常是4个空格）。

② 函数名是一个符合变量命名规则的合法标识符，命名时通常会结合函数功能，做到“见名知义”。

③ 函数名后面圆括号中的参数1、参数2等称为“形式参数”，简称为形参。形参的作用是实现主调程序与被调用函数之间的联系，可以看作自定义函数的对外输入接口。通常把函数要处理的数据或者函数的运行结果作为形参。形参的个数可以是零个、一个或多个。当形参数个数为零时，圆括号也要保留；当形参的个数为多个时，多个形参之间用“,”隔开。

④ 函数体是实现函数功能的代码块，由一条或者多条语句组成。

⑤ return语句是可选项，在一个函数的定义中可以有return语句，也可以没有return语句，由函数的具体功能决定。如果函数定义中有return语句，则其可以在函数体内任何地方出现，表示函数执行到此结束，控制权返回给主调程序，同时返回处理结果。

【例7-3】从键盘输入一个圆的半径，计算圆的周长和面积并输出，其中计算功能使用自定义函数实现。

程序代码如下：

```
def circle(r):
    s=2*3.14*r
    area=3.14*r*r
    return s,area
s1,area1=circle(5)
print("圆的周长是{:.2f},面积是{:.2f}.".format(s1,area1))
```

程序运行结果如下：

```
请输入圆的半径:5
圆的周长是31.40,面积是78.50.
```

【例7-4】编写自定义函数print_sep()，函数的功能是输出一行“=”作为分隔线。

程序代码如下：

```
def print_sep():
    print("="*30)   #输出30个等号
```

例7-4中定义的print_sep()函数是一个没有形参和返回值的函数，其中没有形参说明该函数执行时不需要主调程序提供数据，没有返回值说明该函数执行时不需要反馈结果给主调程序。没有返回值的函数通常用于执行特定的输出/显示任务。

7.2.2 函数的调用

函数的调用就是主调程序调用函数并实现函数功能的过程。函数调用时需要关注函数调用的格式，理解函数调用时程序的执行流程。

7.2.2.1 函数调用的基本语法格式

Python语言中，函数调用的基本语法格式如下：

```
函数名(参数表)
```

函数调用时给出的参数称为实际参数（简称实参），实参可以是常量、变量、表达式、函数等。无论实参为何种类型，在进行函数调用时其都必须具有确定的值。实参的作用是在函数调用时向被调用函数传递数据。一般情况下，实参的数量和位置应与函数定义时形参的数量和位置相匹配。

【例7-5】从键盘输入平面坐标系上两个点的坐标，计算两个点的欧氏距离并输出。要求计算两点距离的功能使用自定义函数实现。

程序代码如下：

```
import math
def distance(x1,y1,x2,y2):
    return math.sqrt((x1-x2)**2+(y1-y2)**2)
sx1,sy1=eval(input("请输入第一个点的坐标:"))
sx2,sy2=eval(input("请输入第二个点的坐标:"))
dis=distance(sx1,sy1,sx2,sy2)
print("两点之间的距离是{}".format(dis))
```

在例7-5中，函数定义时的x1、y1、x2、y2是形参；语句dis=distance(sx1,sy1,sx2,sy2)

是函数调用语句，其中的sx1、sy1、sx2、sy2是实参。

7.2.2.2 函数调用的程序执行流程

当程序执行到函数调用语句时，主调程序会在调用点暂停执行，同时将实参的值传给被调用函数的形参，程序的控制权转移至被调用函数，从被调用函数函数体的起始位置开始执行，并在执行完被调用函数函数体中的所有语句后函数返回，此时程序控制权交回主调程序，返回主调程序暂停点继续向下执行。

例如，例7-2中的tri_area()函数调用的程序执行流程如图7-1所示。

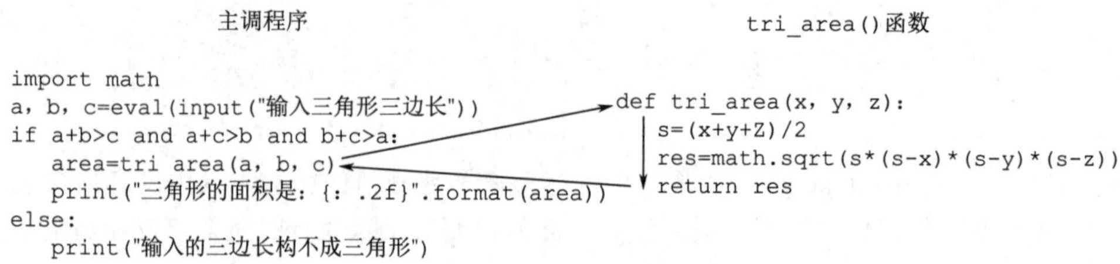

图7-1 tri_area()函数调用的程序执行流程

在例7-2中，程序从主调程序开始运行，用户通过键盘输入3边长a、b、c的值，假设用户输入了3，4，5，则a=3、b=4、c=5。当程序运行至函数调用语句area=tri_area(a,b,c)时，在主调程序处暂停，将实参a、b、c的值传递给形参x、y、z，则x=3、y=4、z=5。进入tri_area()函数，执行tri_area()函数的函数体，计算得到面积值6，并通过return语句返回赋给变量area。tri_area()函数执行结束，返回主调程序，继续执行函数调用语句之后的语句。

【例7-6】从键盘输入一个整数，判断其是否为素数并输出结果。要求素数判断功能使用自定义函数实现。

程序代码如下：

```
import math
def sfunc(m):
    k=int(math.sqrt(m))
    flag=0
    for i in range(2,k+1):
        if m%i==0:
            flag=1
            break
    return flag
n=int(input("请输入一个数 ))
result=sfunc(n)
if result==1:
    print("{}不是一个素数".format(n))
else:
```

```
        print("{}是一个素数".format(n))
```

7.3 函数的参数传递

在Python语言中，函数参数的传递主要有5种方法，即位置参数、关键字参数、默认参数、可变数量参数和解包参数。

7.3.1 位置参数

位置参数是函数调用时参数传递的基础方法，函数调用时默认采用该方法传递参数。位置参数的基本语法格式如下：

```
函数名(参数1,参数2,…)
```

这种参数传递方法要求实参和形参的个数必须一致且一一对应，即相同位置的实参向相同位置的形参传递参数。当实参是一个表达式时，要先计算表达式的值，再将其传递给形参。

【例7-7】从键盘输入身高（单位：m）和体重（单位：kg），根据BMI计算公式计算BMI并输出。要求BMI计算使用自定义函数实现。

程序代码如下：

```
def cal_bmi(weight,height):
    bmi=weight/(height**2)
    return bmi
w=eval(input("请输入您的体重(kg):"))
h=eval(input("请输入您的身高(m):"))
bmi_value=cal_bmi(w,h)
print("BMI值为:{:.2f}".format(bmi_value))
```

在例7-7中，参数传递采用了位置参数方式，其中w和h是实参，weight和 height是形参，在函数调用时，按位置顺序传递参数，即w→weight、h→height。

按位置传递参数的优点是语法简单、直观；缺点是对参数顺序有严格依赖，顺序错误会导致难以调试的逻辑错误而非语法错误。这种参数传递方法适用于参数少、含义明确的场景。

7.3.2 关键字参数

当函数需要传递的参数较多时，可以采用关键字参数完成参数传递。关键字参数的基本语法格式如下：

```
函数名(参数名1=值1,参数名2=值2,…)
```

这种参数传递方法在实参前添加了参数名，即关键字。关键字明确了每个参数的含义，这样即便参数顺序被打乱，参数的位置发生改变，也不会影响参数的传递，可以有效减少因参数顺序错误导致的程序bug。

【例7-8】将例7-5计算两点之间欧氏距离中函数间的参数传递按照关键字参数的方法实现。

程序代码如下：

```
import math
def distance(x1,y1,x2,y2):
    return math.sqrt((x1-x2)**2+(y1-y2)**2)
sx1,sy1=eval(input("请输入第一个点的坐标:"))
sx2,sy2=eval(input("请输入第二个点的坐标:"))
dis=distance(x2=sx2,y1=sy1,y2=sy2,x1=sx1)
print("两点之间的距离是{:.2f}".format(dis))
```

程序运行结果如下：

```
请输入第一个点的坐标:1,1
请输入第二个点的坐标:2,2
两点之间的距离是1.41
```

例7-8中采用了关键字参数进行参数传递，在函数调用时，无需关心函数定义时形参的顺序和位置。

在Python中，关键字参数的优势在于可以提升代码可读性（参数含义一目了然），增强代码的灵活性（允许参数顺序无关和默认值）。关键字参数在使用时需注意3点：一是位置参数必须位于任何关键字参数之前；二是每个参数只能被赋值一次，不能同时通过位置和关键字两种方式传递；三是关键字名称必须在函数形参列表中真实存在，否则会引发错误。

7.3.3 默认参数

在定义函数时，可以给形参指定默认值。在调用函数时，如果为形参提供了数值，则使用给定的参数值；如果没有提供数值，则会使用默认值。

【例7-9】将例7-1中求和函数的形参b改为默认参数。

add()函数定义如下：

```
def add(a,b=1):
     result=a+b
     return result
```

此时add()函数有两个形参a和b，其中b指定了默认值1。

若调用add()函数时给出了两个实参，则程序运行结果如下：

```
>>>print("s=", add(3,5))
s=8
```

上述程序代码的运行结果为8，这是因为调用add()函数时为形参a传递了数值3，为形参b提供了数值5，则求和结果是3+5=8。

若调用add()函数时只给出了1个实参，则程序运行结果如下：

```
>>>print("s=",add(3))
s=4
```

上述程序代码的运行结果为4，这是因为此时实参3按照位置顺序传递给了形参a，没有为形参b提供参数，所以其值选用默认值1，则求和结果是3+1=4。

【例7-10】将例7-2中的三角形面积计算函数的形参z改为带默认值的参数。

程序代码如下：

```
def tri_area(x,y,z=10):
    s=(x+y+z)/2
    area=math.sqrt(s*(s-x)*(s-y)*(s-z))
    return area
```

tri_area()函数有3个参数x、y和z，其中z为默认参数。

若调用tri_area()函数时给出了3个参数，程序代码如下：

```
import math
def tri_area(x,y,z=10):
    s=(x+y+z)/2
    area=math.sqrt(s*(s-x)*(s-y)*(s-z))
    return area
print("三角形面积:{:.2f}".format(tri_area(6,7,8)))
```

程序运行结果如下：

```
三角形面积:20.33
```

若调用tri_area()函数时给出了2个参数，程序代码如下：

```
import math
def tri_area(x,y,z=10):
    s=(x+y+z)/2
    area=math.sqrt(s*(s-x)*(s-y)*(s-z))
    return area
print("三角形面积:{:.2f}".format(tri_area(6,8)))
```

程序运行结果如下：

```
三角形面积:24.00
```

在例7-10中，第一次调用函数时给出的3个参数6、7和8按位置分别传给了形参x、y和z；第二次调用函数时给出的2个参数6和8按位置分别传给了形参x和y，形参z获得默认值10。

Python中的默认参数通过预设值简化了函数调用，其核心优势在于减少了冗余代码（避免重复传递相同值），增强了接口灵活性（允许选择性覆盖默认参数），明确了函数意图（通过默认值清晰表达常见行为）。使用默认参数时需要注意两点：一是避免使用可变对象（如列表、字典）作为默认值；二是默认参数必须严格遵循语法规则，全部置于非默认参数之后，否则会引发语法错误。正确使用默认参数能显著提升代码的简洁性和可维护性，但需严格遵守不可变默认值和参数顺序的原则。

7.3.4 可变数量参数

在Python中，可变数量参数（也称为不定长参数）允许函数接收任意数量的输入参数。Python 提供了两种可变参数机制，具体如下：

```
函数名(*args)        #接收任意数量的位置参数，打包为元组
```

或

```
函数名(**kwargs)  #接收任意数量的关键字参数，打包为字典
```

【例7-11】数据分析。计算各小组的Python语言程序设计课程的平均成绩，各小组人数不固定。计算平均成绩采用自定义函数实现。

分析：在数据分析中，常需处理不同规模的数据集，可变参数能灵活适配数据输入。

程序代码如下：

```
def cal(*data):
    n=len(data)
    print(type(data))
    if len(data)==0:
        return None
    else:
        aver=sum(data)/len(data)
        return aver
aver1=cal(71,73,93)   #3个成绩统计
print("第一组的成绩为:{:.2f}".format(aver1))
aver2=cal(69,78,82,88,96)     #5个成绩统计
print("第二组的成绩为:{:.2f}".format(aver2))
```

程序运行结果如下：

```
<class 'tuple'>
第一组的成绩为:79.00
<class 'tuple'>
第二组的成绩为:82.60
```

【例7-12】可变数量参数示例（组合数据类型的数据作为函数的实参）。

程序代码如下：

```
def log_message(*args):
    print(args)
    for message in args:
        print(message)
log_message(["Hello","World"],"Python")
```

程序运行结果如下：

```
(['Hello','World'],'Python')
['Hello','World']
Python
```

【例7-13】简易购物车计算器。计算购物车中任意数量商品的总价，支持计入折扣、税费和运费。编写自定义函数，实现购物车中商品总价的计算。

分析：商品数量不确定，设计为可变数量的位置参数；折扣、税费和运费为可选项，设计为可变数量的关键字参数。

程序代码如下：

```
def cal_total(*prices,**options):
    #*prices:可变数量的位置参数，接收任意数量的商品价格
    #**options:可变数量的关键字参数，接收任意数量的购物选项
    if not prices:
        print("购物车是空的！")
        return 0  #返回0，表示总价为0
    subtotal=sum(prices)                        #获取购物车中商品的数量
    num_items=len(prices)                       #输出购物车的基本信息
    print("购物车结算")
    print(f"商品数量:{num_items}")              #显示商品数量
    print(f"小计:¥{subtotal:.2f}")              #显示小计金额，保留两位小数
    #使用get()方法获取折扣率，如果没有提供则默认为0
    discount=options.get("discount",0)
    if discount>0: #如果折扣率大于0
        #折扣金额=小计×折扣率/100
```

```
        discount_amount=subtotal*(discount/100)
        print("折扣({}%):-¥{:.2f}".format(discount,discount_amount))
#显示折扣信息
        subtotal-=discount_amount                     #从小计中减去折扣金额
    #使用get()方法获取税率，如果没有提供则默认为0
    tax_rate=options.get("tax_rate",0)
    if tax_rate>0: #如果税率大于0
        #税费金额=当前小计×税率/100
        tax_amount=subtotal*(tax_rate/100)
        print("税费({}%):+¥{:.2f}".format(tax_rate,tax_amount))
#显示税费信息
        subtotal+=tax_amount                          #在小计基础上加上税费
    #使用get()方法获取运费，如果没有提供则默认为0
    shipping=options.get("shipping",0)
    if shipping>0: #如果运费大于0
        print("运费:+¥{:.2f}".format(shipping))           #显示运费信息
        subtotal+=shipping  #在小计基础上加上运费
    return subtotal  #返回最终计算的总价
#示例1:基本购物车计算(无折扣、税费和运费)
print("\n"+"="*50+"\n")  #输出分隔线，区分不同示例
print("示例1:基本购物车结算")
#调用函数，传入4个商品价格，不使用任何选项
total1=cal_total(25.99,15.50,9.99,42.75)
print("总计:¥{:.2f}".format(total1))
#示例2:购物车(含折扣、税费和运费)
print("\n"+"="*50+"\n")  #输出分隔线，区分不同示例
print("示例2:购物车结算(含折扣、税费和运费)")
#调用函数，传入5个商品价格，并提供多种选项
total2=cal_total(
    19.99,29.99,14.50,5.99,39.99,                           #5个商品价格
    discount=10,      #10%折扣选项
    tax_rate=8,       #8%税费选项
    shipping=5.99,    #运费选项
)
print("总计:¥{:.2f}".format(total2))
print("\n"+"="*50+"\n")  #输出分隔线，区分不同示例
#示例3:只有一件商品的购物车
print("示例3:只有一件商品的购物车结算")
#调用函数，传入1个商品价格，并提供折扣选项
total3=cal_total(49.99,discount=15)
```

```
    print("总计:¥{:.2f}".format(total3))
```

可变数量参数的核心优势在于其出色的灵活性，其允许函数接收任意数量的参数，无需预先定义固定参数数量，极大提升了代码的复用性和简洁性。使用可变数量参数时需特别注意三点：一是可变数量参数必须位于形参表末尾，严格遵守参数顺序（普通参数 → *args →**kwargs）；二是避免使用可变对象作为默认值，以防止意外的状态共享；三是每种类型的可变数量参数只能有一个。

7.3.5 解包参数

解包参数是 Python 中一种强大的语法特性，是一种可以将可迭代对象（如列表、元组、字典）的元素拆分为独立参数的技术。使用解包参数的具体方法如下：使用“*”操作符解包序列为位置参数，使用“**”操作符解包字典为关键字参数。

【例 7-14】简易购物车计算器。计算购物车中任意数量商品的总价，支持计入折扣、税费和运费。要求编写自定义函数，实现购物车商品总价的计算。

程序代码如下：

```
def cal_order(product,price,num,**adjustments):
    """   参数:
    product:产品名称
    price:单价
    num:数量
  **adjustments:调整项 (如 discount、tax_rate、shipping)    """
    base_price=price*num
    discount=adjustments.get('discount',0)                #获取折扣率
    discount_amount=base_price*(discount/100)             #计算折扣金额
    discounted_price=base_price - discount_amount         #计算折扣后的价格
    tax_rate=adjustments.get('tax_rate',0)                #获取税率
    tax_amount=discounted_price*(tax_rate/100)            #计算税费金额
    shipping=adjustments.get('shipping',0)                #获取运费
    final_price=discounted_price+tax_amount+shipping      #计算最终价格
    #如果有折扣，显示折扣信息
    if discount>0:
        print("折扣({}%):-¥{:.2f}".format(discount,discount_amount))
        print("折扣后价格:¥{:.2f}".format(discounted_price))
    #如果有税费，显示税费信息
    if tax_rate>0:
        print("税费({}%):+¥{:.2f}".format(tax_rate,tax_amount))
    #如果有运费，显示运费信息
    if shipping>0:
        print("运费:+¥{:.2f}".format(shipping))
```

```
    return final_price              #返回最终价格
order=("笔记本电脑",5999.99,2)       #订单数据存储在元组中 (产品名称、单价、数量)
#价格调整项存储在字典中
price_adjustments={"discount":10,"tax_rate":5,"shipping":25.00 }
#使用"*"解包元组为位置参数,order元组中的元素会按顺序传递给函数的对应参数
total=cal_order(*order,**price_adjustments)
print("最终价格:+¥{:.2f}".format(total))
```

本例中，参数传递采用了Python的两种强大的机制：位置参数解包和关键字参数解包，展示了解包参数的典型应用。具体来说，通过“*order”将元组中的3个元素（"笔记本电脑", 5999.99, 2）解包并分别传递给函数的前三个位置参数（product、price、num），同时通过“**price_adjustments”将字典中的键值对解包为关键字参数传递给函数的adjustments参数。解包后相当于：cal_order（"笔记本电脑", 5999.99, 2, discount=10, tax_rate=5, shipping=25.00）。这种参数传递方式的最大优势在于实现了数据与代码的分离，允许开发者将预先存储在数据结构（元组和字典）中的值动态地传递给函数，而不需要手动提取每个值，从而大大提高了代码的灵活性和可复用性，特别适合处理配置信息和批量数据场景。

解包参数在Python中通过“*”和“**”操作符实现，其核心优势在于提升代码的灵活性与简洁性，允许将可迭代对象（如列表、字典）的元素动态拆分为独立参数，减少手动索引操作。使用解包参数时需注意三点：一是参数数量要匹配，解包元素数量需与目标参数数量严格一致，否则会触发ValueError；二是字典键名一致性，“**”解包时，键名必须与函数参数名完全匹配，避免TypeError；三是避免滥用，频繁解包可能影响性能，尤其在处理大规模数据时需权衡效率。

综上所述，按照位置和按照关键字传递参数时，参数数量是固定不变的。如果参数数量不定或可变，则需要在参数名前加“*”或“**”。其中，加“*”表示参数是元组参数，加“**”表示参数是字典参数（键值对）。在定义函数时，可以混合使用多种参数传递方式，此时要遵循以下规则。

① 关键字参数应放在位置参数后面。

② 元组参数必须在关键字参数后面。

③ 字典参数要放在元组参数后面。

在调用函数时，首先按位置顺序传递参数，其次按关键字传递参数；多余的非关键字参数传递给元组，多余的关键字参数传递给字典。

7.3.6 函数间的参数传递机制

Python中函数间的参数传递机制采用了对象引用传递（call by object reference），即传递的是对象的引用（内存地址），而不是对象的副本，具体表现如下。

① 不可变对象（如整数、字符串、元组）：函数内修改会创建新对象，外部不受影响。

② 可变对象（如列表、字典）：函数内修改会直接影响原对象。

7.3.6.1 不可变对象作为函数的参数

【例7-15】利息计算。要求计算存款自动转存情况的利息并输出，其中利息计算通

过编写自定义函数实现。

分析：本例中的利息计算为复利计算，即利息不仅基于原始本金计算，还基于之前累积的利息计算。

程序代码如下：

```
def cal_interest(principal,annual_rate,years,times=1):
    #principal：本金（元）
    #annual_rate：年利率（如0.05表示5%）
    #years：存款年限
    #times：每年复利次数（默认1次，即年复利）
    if principal<0 or annual_rate<0 or years<0 or times<=0:
        raise ValueError("参数必须为非负数，且复利次数需大于0")
    amount=principal*(1+annual_rate/times)**(times*years)
    interest=amount-principal   #利息=最终金额-本金
    return interest
initial_principal=10000      #本金1万元
rate=0.02                    #年利率2%
time=6                       #存款6年
interest=cal_interest(initial_principal,rate,time)
print("复利利息：¥{:.2f}".format(interest))
```

在本例中，所有函数参数（principal、annual_rate、years、times）都是不可变对象（数值类型）。Python中的不可变对象作为函数参数传递时，函数内部对形参的任何修改都不会影响外部的实参对象。具体来说，当调用cal_interest(initial_principal,rate,time)时，实参的值被传递给形参，但由于数字是不可变类型，因此函数内部对形参的任何操作（如数学计算）都会创建新的对象，而不会改变原始实参的值。这种传递机制确保了函数外部的变量（如initial_principal、rate、time）在函数调用后保持不变，从而提高了代码的可预测性和安全性。

【例7-16】温度转换。从键盘输入一个温度字符串（华氏温度或摄氏温度，含温度的单位），进行双向温度转换并输出转换结果。要求双向温度转换使用自定义函数实现。

分析：本例要求实现双向温度转换，即输入摄氏温度则转换为华氏温度并输出，输入华氏温度则转换为摄氏温度并输出。华氏温度和摄氏温度的区别在于单位不同，因此在处理中要提取单位并识别单位。

程序代码如下：

```
def tempConvert(ValueStr):
    if ValueStr[-1] in ['F','f']:
        C=(eval(ValueStr[0:-1])-32)/1.8
        print("转换后的温度是{:.2f}C".format(C))
    elif ValueStr[-1] in ['C','c']:
```

```
        F=1.8*eval(ValueStr[0:-1])+32
        print("转换后的温度是{:.2f}F".format(F))
    else:
        print("输入格式错误")
TempStr=input("请输入带有符号的温度值:")
tempConvert(TempStr)
```

7.3.6.2 可变对象作为函数的参数

【例7-17】从键盘先输入某机泵轴承最近10次的振动峰值，再输入振动报警阈值，统计机泵轴承振动超出报警阈值的次数。要求统计功能使用自定义函数实现。

程序代码如下：

```
def num(ls,m):
    n=0
    for data in ls:
        if data>m:
            n+=1
    return n
peak_list=[]
for i in range(10):
    print("请输入第{}个振动峰值".format(i+1),end=":")
    da=eval(input())
    peak_list.append(da)
vib_thresh=eval(input("请输入振动报警阈值"))
count=num(peak_list,vib_thresh)
print("超过报警阈值{}(mm/s)的数据个数:{}\n".format(vib_thresh,count))
```

【例7-18】医疗数据清洗。某研究人员收集了一组患者的收缩压测量数据（血压数据为120、125、118、1500、130、122、2000、135、127、122、1200、140）并保存在列表bp_data中，需要在进行统计分析前对数据进行清理，移除异常血压值（如收缩压大于300mmHg的情况）。要求移除异常血压值使用自定义函数实现。

分析：在临床医疗数据分析中，数据质量直接影响研究结果的准确性和可靠性。患者生命体征数据（如血压测量值）在采集过程中可能因设备故障、记录错误或极端生理状况而产生异常值，这些异常值如果不经处理直接用于分析，可能导致统计偏差和错误结论。考虑到原始数据集可能被多个分析流程共享，可选择直接在原数据上进行修改，以确保所有后续分析都使用清理后的统一数据集。

程序代码如下：

```
def clean_data(pressure_data):
```

```
    i=0
    while i<len(pressure_data):
        if pressure_data[i]>300:
            removed_value=pressure_data.pop(i)
        else:
            i+=1
    print("清洗异常值后的形参收缩压数据:{}".format(pressure_data))
bp_data=[120,125,118,1500,130,122,2000,135,127,122,1200,140]
print("清洗前的收缩压数据:{}".format(bp_data))
clean_data(bp_data)
print("清洗后的实参收缩压数据:{}".format(bp_data))
```

例7-17和例7-18都是以列表作为函数的参数。在例7-17中，num(ls, m)函数仅对传入的列表ls进行读取操作（统计大小关系），未修改列表本身。由于列表是可变对象，Python通过对象引用传递机制将列表传递给函数，但函数内部未改变列表内容，因此原列表la的数据保持不变。在例7-18中，clean_data(pressure_data)函数直接对传入的列表pressure_data进行修改操作（使用pop()函数删除元素）。由于列表是可变对象，因此函数内部的修改会直接影响原列表bp_data，导致调用后bp_data中的数据被清洗。

在Python中，当列表作为参数传入函数时，形参与实参实际上指向内存中的同一个列表对象。这意味着形参并不是实参的独立副本，而是原有列表的一个别名引用。因此，在函数内部对形参列表进行的任何修改操作（如增删元素、排序等）都会直接反映在原始的实参列表上，因为二者本质上是同一数据实体的不同名称。这种机制源于Python对可变对象采用的对象引用传递方式。

【例7-19】 在设备运维场景中，需分析轴承振动数据的关键特征，如分析峰值与有效值以判断运行状态。其中，峰值反映振动最大强度，有效值（均方根值）反映振动平均能量水平。首先定义两个简单函数，分别计算轴承振动数据的峰值和有效值；再用这两个函数处理B-01、B-02两台轴承的振动数据；最后输出每台轴承的原始数据、峰值和有效值。

程序代码如下：

```
import math
#函数1:计算振动数据的峰值(最大值)
def get_peak(vib_data):
    return max(vib_data)
#函数2:计算振动数据的有效值
def get_rms(vib_data):
    sum_square=0
    for num in vib_data:
        sum_square+=num**2
    avg_square=sum_square/len(vib_data)
```

```
    rms=round(math.sqrt(avg_square),2)
    return rms
#处理B-01轴承数据
B01_vib=[7.8,8.2,7.9,8.5,8.1,7.7,8.3,7.6]
B01_peak=get_peak(B01_vib)
B01_rms=get_rms(B01_vib)
print("B-01轴承振动峰值:",B01_peak,"mm/s")
print("B-01轴承振动有效值:",B01_rms,"mm/s")
#处理B-02轴承数据
B02_vib=[9.1,8.8,9.3,8.7,9.0,8.9,9.2,8.6,9.4,8.5]
B02_peak=get_peak(B02_vib)
B02_rms=get_rms(B02_vib)
print("B-02轴承振动峰值:",B02_peak,"mm/s")
print("B-02轴承振动有效值:",B02_rms,"mm/s")
```

7.4 函数的嵌套与递归

7.4.1 函数的嵌套

函数的调用可以嵌套进行，即在被调用函数的执行过程中又调用另一个函数。

【例7-20】从键盘输入两个正整数，求这两个正整数的最大公约数和最小公倍数并输出。要求最大公约数和最小公倍数的求解使用自定义函数实现。

分析：最大公约数可以使用相除取余的迭代算法求解，最小公倍数可以利用公式“最小公倍数=两数乘积/最大公约数”进行求解。

程序代码如下：

```
def GCD(x,y):
    while(y!=0):
        r=x%y
        x,y=y,r
    return x;
def LCM(x,y):
    return int(x*y/GCD(x,y))
a,b=eval(input("请输入两个正整数"))
gys=GCD(a,b)
gbs=LCM(a,b)
print("{}和{}的最大公约数是:{}".format(a,b,gys))
print("{}和{}的最小公倍数是:{}".format(a,b,gbs))
```

程序运行结果如下：

```
请输入两个正整数30,48
30和48的最大公约数是:6
30和48的最小公倍数是:240
```

本例通过函数嵌套调用实现了数学算法的高效复用，其执行流程如图7-2所示。主程序启动后，首先接收用户输入的两个正整数，随后依次调用功能函数GCD()和LCM()，完成计算后输出计算结果。本例的程序执行流程呈现了典型的函数嵌套调用结构：①主程序中调用了LCM()函数；②在LCM()函数执行过程中，触发对GCD(x,y)函数的调用；③GCD()函数完成计算后，将结果返回给LCM()函数，LCM()函数接收GCD()函数的返回值，进而求得最小公倍数并将其返回主程序。

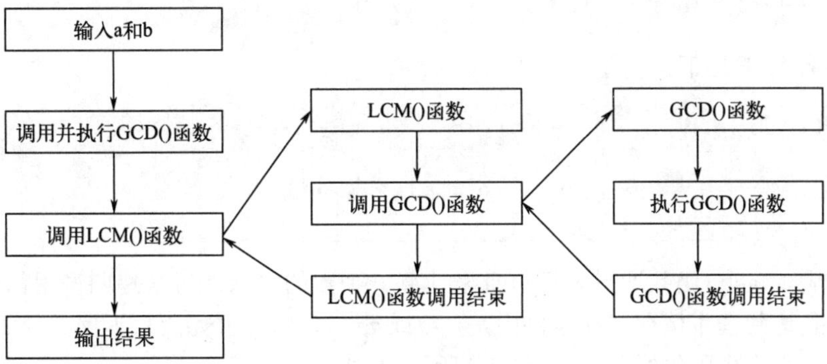

图7-2 例7-20执行流程

函数嵌套是Python中实现模块化的一种重要方法，这种设计方法不仅提高了代码的复用性，也显著增强了程序的可读性与可维护性。

在使用嵌套函数时需要注意：嵌套层数建议不超过3层，否则既会降低程序的可读性，又会增加程序调试的难度。

7.4.2 函数的递归

递归是一种函数直接或间接地调用自身的方法。递归的核心思想是将复杂问题分解为更小的同类子问题，直到子问题足够简单，可直接解决。例如，遍历树结构或计算阶乘等问题可以采用递归的方法求解。

【例7-21】从键盘输入一个非负整数n，采用递归的方法求解$n!$。要求阶乘的求解使用递归函数实现。

分析：$n!$可以用下式表述。

$$n!=\begin{cases}1 & n=1或n=0\\ n(n-1)! & n>1\end{cases}$$

如果输入n的值大于1，则$n!=n(n-1)!$，可将求解$n!$转换为求解$(n-1)!$，而求解$(n-1)!$和求解$n!$方法相同，只是问题的规模更小。求解$(n-1)!$的问题可转换为求解$(n-2)!$的问题，以此类推，问题的规模不断缩小，当问题缩小到$n=1$或$n=0$时，即可直接获得最小问题的解。当获得最小问题的解后，递归过程开始逐层返回，最终完成$n!$的求解。

程序代码如下：

```
def fact(n):
    if n==0 or n==1:
        return 1
    else:
        return n*fact(n-1)
m=eval(input("请输入一个非负整数:"))
print(fact(m))
```

程序运行结果如下：

```
请输入一个非负整数:4
24
```

在本例中，fact()函数通过调用自身来计算一个数的阶乘。每次递归调用都会将问题规模减小，直到达到基本情况（在本例中是n=0或n=1），然后开始逐层返回并计算最终结果。当输入4时，递归调用的执行过程如图7-3所示。

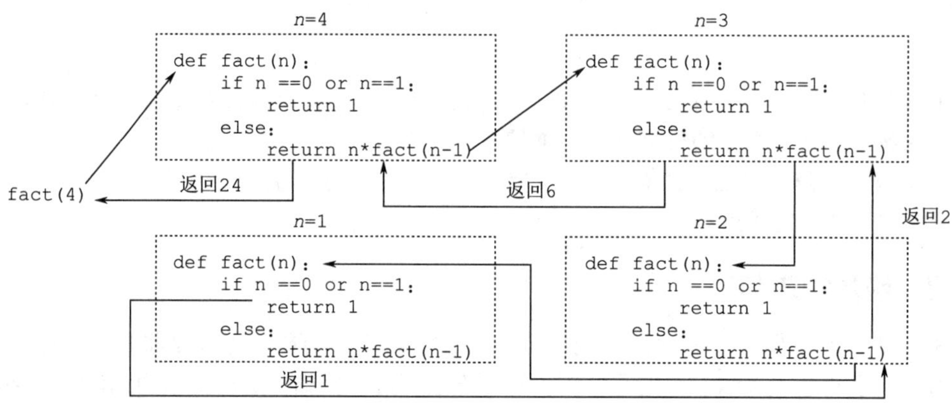

图7-3　$n!$递归调用的执行流程(n=4)

递归常用来解决结构相似的问题，其基本思路是将一个复杂问题转换成一个或几个子问题，子问题的形式和结构与原问题相似，但规模更小，再把这些子问题进一步分解成规模更小的子问题，直到最小的子问题可以直接求解。因此，递归有以下两个基本要素。

① 基例：确定递归何时终止，即何时终止分解子问题，也称为递归出口。

② 递归模式：复杂问题如何分解为子问题，也称为递归体。

对于可以迭代解决的问题，通常使用迭代方法（循环）会比递归更高效且不易出错。例如，例7-21可以使用迭代方法轻松解决。采用循环求解非负整数阶乘的自定义函数代码如下：

```
def factorial_iterative(n):
    result=1
    for i in range(2,n+1):
        result*=i
    return result
```

通过例7-21可以总结递归函数的一般定义形式，如下：

```
def 递归函数:
    if 基例:
        return 基例结果
    else:
        return 递归模式
```

如果递归函数在定义时缺少有效的终止条件，或者在执行的过程中终止条件无法达到，会导致函数调用无止境地进行下去，这种情况称为无穷递归。在实际执行时，无穷递归不会真正无限地进行下去，因为每次函数调用都会在内存的调用栈上分配一块空间（用于存储参数、局部变量和返回地址）。这个栈的空间是有限的，当无穷递归调用耗尽为栈预留的所有内存时，程序会因栈溢出而崩溃。

【例7-22】从键盘输入底数x和指数n，计算x^n并输出（n为整数）。要求求解x^n使用递归函数实现。

程序代码如下：

```
def power(x,a):
    if a==0:
        return 1
    else:
        return x*power(x,a-1)
base,index=eval(input("请输入底数和指数:"))
print("{}的{}次幂是:{}".format(base,index,(power(base,index))))
```

程序运行结果如下：

```
请输入底数和指数:10,3
10的3次幂是:1000
```

递归函数的优势在于代码简洁且逻辑清晰，尤其适合处理树形结构、分治算法等具有自相似性的问题；其缺点是时间、空间开销大（频繁函数调用会导致栈空间占用和重复计算），且存在栈溢出风险（递归深度过大或无穷递归）。

使用递归函数时需注意以下3点。

① 明确终止条件：确保存在一个能被执行的终止条件。
② 确保每次递归调用都朝向终止条件推进，使问题规模不断缩小，从而避免无穷递归。
③ 优先选择迭代替代复杂递归场景。

7.5 lambda 函数

lambda 函数也称为匿名函数，是 Python 中无需使用 def 定义的一类特殊函数。lambda 函数使用 lambda 关键字，其基本语法格式如下：

```
函数名=lambda参数表:表达式
```

lambda 函数中的参数说明如下。
① 函数名：符合标识符命名规则的合法标识符，用于标识函数。
② lambda：定义 lambda 函数的关键字。
③ 参数表：函数的形参可以是一个或多个（用逗号分隔）。
④ 表达式：单一的表达式，其计算结果就是 lambda 函数的返回值。
lambda 函数通常用于定义可以在一行内表示的由简单表达式组成的函数，其等价于：

```
def 函数名(参数表):
    return 表达式
```

【例 7-23】lambda 函数示例。
程序代码如下：

```
>>>func1=lambda x,y,z:x+y+z
>>>func1(1,2,3)
6
>>>func2=lambda x:lambda y:x+y
>>>res=func2(4)
>>>res(10)
14
>>>func2(4)(10)
14
```

上述代码中，func2() 函数返回的是一个 lambda 函数“lambda y:x+y”。res=func2(4) 表示调用时将实参 4 传给 x，返回 lambda 函数“lambda y:4+y”，且该函数的函数名为 res；res(10) 则表示调用 lambda 函数“lambda y:4+y”，实参 10 传给形参 y，返回 4+y，因此返回 4+10，即 14。这两个表达式也可以简化为 func2(4)(10)。

【例 7-24】一元二次方程求解中，有一个关键的步骤就是求解 Δ 的值。要求设计一个 lambda 函数，其功能为求 Δ 值，并对设计的 lambda 函数进行调用。
程序代码如下：

```
f=lambda a,b,c:b*b-4*a*c
x,y,z=eval(input("请输入一元二次方程的3个系数:"))
print("delta={}".format(f(x,y,z)))
```

程序运行结果如下:

```
请输入一元二次方程的3个系数:1,2,1
delta=0
```

【例7-25】对给定的字符串列表按长度升序排列。

程序代码如下:

```
words=["apple","bat","car","elephant"]
sorted_words=sorted(words,key=lambda x:len(x))
print(sorted_words)
```

程序运行结果如下:

```
['bat','car','apple','elephant']
```

例7-25中使用的sorted()函数是Python的内置函数，用于对可迭代对象进行排序。sorted()函数返回一个新的已排序列表，而不会修改原始对象。sorted()函数的基本语法格式如下：

```
sorted(iterable,key=None,reverse=False)
```

sorted()函数的参数说明如下。

① iterable：可迭代对象，如列表、元组、字符串等。

② key：用于指定一个函数，该函数将作用于可迭代对象的每个元素，并根据函数的返回值进行排序。其默认值为None，即直接比较元素。

③ reverse：排序顺序，其中True表示降序，False表示升序（默认）。

【例7-26】sorted()函数使用示例:

```
numbers=[3,1,4,1,5,9,2]
sorted_numbers=sorted(numbers)
print(sorted_numbers)   #输出:[1,1,2,3,4,5,9]
print(numbers)          #输出:[3,1,4,1,5,9,2](原列表未改变)
```

7.6 函数的返回值

函数可以通过return语句返回一个或多个值；函数也可以没有返回值，无返回值时则不需要return语句。return 语句的主要功能是结束函数并返回函数运行结果。

【例7-27】返回一个值示例。

程序代码如下：

```
def add(a,b):
    return a+b
result=add(4,5)
print(result)   #输出:5
```

【例7-28】返回多个值示例。从键盘输入一个字符串，统计字符串中数字字符、大写字母、小写字母的个数并输出。要求字符统计功能使用自定义函数实现。

程序代码如下：

```
def count_chars(s):
    digit=0
    upper=0
    lower=0
    for char in s:
        if char.isdigit():      #判断是否为数字
            digit+=1
        elif char.isupper():    #判断是否为大写字母
            upper+=1
        elif char.islower():    #判断是否为小写字母
            lower+=1
    return digit,upper,lower
input_str=input("请输入一个字符串:")
digits,uppers,lowers=count_chars(input_str)
print("数字字符个数:{}".format(digits))
print("大写字母个数:{}".format(uppers))
print("小写字母个数:{}".format(lowers))
```

在Python中，函数允许返回多个值，返回值会以元组的类型返回。需要返回多个值时，多个值之间用逗号分隔，并通过return语句返回。

【例7-29】返回字典或列表示例。从键盘输入一个整数n，输出从1开始的前n个奇数。要求生成n个奇数的功能使用自定义函数实现。

程序代码如下：

```
def generate_odds(n):
    result=[]
```

```
    for i in range(1,n*2,2):          #从1开始，步长为2，取n个数
        result.append(i)
    return result
numbers=generate_odds(5)
print(numbers)                        #输出:[1,3,5,7,9]
```

函数中如果没有return语句，会自动返回None，表示没有返回值。None的数据类型是NoneType，表示无值或空值状态。

【例7-30】无返回值示例。

程序代码如下：

```
def say_hello():
    print("Hello")
result=say_hello()              #这里result将是None，因为函数没有返回值
print(result)                   #输出:None
```

7.7 变量的作用域与变量同名

7.7.1 变量的作用域

变量的作用域就是一个变量在程序中可被使用的范围，也称为可见范围或可被访问范围。在程序设计过程中，理解变量的作用域对于编写清晰、可维护的代码非常重要。在Python中，变量的作用域有4种：局部作用域、全局作用域、闭包函数外的函数作用域和内建作用域。

7.7.1.1 局部作用域

若变量在函数内部定义，则变量具有从定义位置开始到函数结束位置的局部作用域，在函数外部是无法访问的。具有局部作用域的变量也称为局部变量。

【例7-31】局部变量（不可变数据类型）示例。

程序代码如下：

```
def factors(n):
    count=0                           #局部变量count的作用域起点
    print("{}的因子有:".format(n))
    for i in range(1,n+1):
        if n%i==0:                    #局部变量i的作用域起点
            print(i)
            count+=1
```

```
    return count                    #局部变量count、i的作用域终点
data=eval(input("请输入一个正整数:"))
num=factors(data)
print("{}的因子总数是{}个".format(data,num))
```

【例7-32】局部变量（可变数据类型）示例。

程序代码如下：

```
def factors(n):
    count=0
    ls=[]                                #局部列表ls的作用域起点
    print("{}的因子有:".format(n))
    for i in range(1,n+1):
        if n%i==0:
            ls.append(i)
            count+=1
    for k in ls:
        print(k)
    return count                        #局部列表ls的作用域终点
data=eval(input("请输入一个正整数:"))
num=factors(data)
print("{}的因子总数是{}个".format(data,num))
```

7.7.1.2 全局作用域

若变量在所有函数外部定义，则变量具有全局作用域，作用范围为整个源文件。具有全局作用域的变量也称为全局变量。

【例7-33】全局作用域（不可变数据类型）示例。

程序代码如下：

```
count=0
def factors(n):
    global count                        #全局变量声明，声明count为全局变量
    print("{}的因子有:".format(data))
    for i in range(1,n+1):
        if n%i==0:
            print(i)
            count+=1
data=eval(input("请输入一个正整数:"))
factors(data)
```

```
print("{}的因子总数是{}个".format(data,count))
```

本例中，data和count都是在函数外部定义的，都是外部变量，但是二者的使用方法不同。

① count变量：由于在factors()函数内部修改count变量，因此需要使用global 关键字声明，即声明count为全局变量。这种设计使得函数具有副作用（修改了factors()函数外的count变量的状态），通常不推荐。

② data变量：由于在factors()函数内部只是读取了data变量的值，没有进行修改，因此不需要使用关键字global进行声明。

【例7-34】全局变量（可变数据类型）示例。

程序代码如下：

```
ls=[]
def factors(n):
    count=0
    print("{}的因子有:".format(n))
    for i in range(1,n+1):
        if n%i==0:
            ls.append(i)                    #将因子添加到全局列表ls中
            count+=1
    for k in ls:
        print(k)
    return count
data=eval(input("请输入一个正整数:"))
num=factors(data)
print("{}的因子总数是{}个".format(data,num))
```

本例中，ls为全局列表，具有全局作用域。在factors()函数内部的语句ls.append(i)执行的操作是将因子i添加到全局列表ls中，这是因为列表只能通过“[]”法或list()法显式创建，因此factors()函数内部的列表ls为全局列表ls。

7.7.1.3 闭包函数外的函数作用域

在嵌套函数中，若变量定义在外层函数中，则该变量具有闭包函数外的函数作用域，即内层函数可以访问外层函数定义的变量。

【例7-35】闭包函数外的函数作用域示例。

程序代码如下：

```
def outer_function():
    outer_var="外层函数变量"      #outer_var具有闭包函数外的函数作用域
```

```
    def inner_function():
        print("内层函数访问:",outer_var)
    inner_function()
outer_function()
```

7.7.1.4 内建作用域

Python预定义的函数和变量（如print、len等）等具有内建作用域，在程序的任何位置都可以直接使用。

7.7.2 变量同名

变量同名问题主要涉及作用域和命名空间的概念。当在不同作用域中使用相同的变量名时，Python会根据特定的规则确定当前使用的是哪个变量。理解这些规则对于避免程序中的错误至关重要。由于在程序设计中使用最多的是全局变量和局部变量，因此本小节重点讨论局部变量和全局变量同名的情况。

【例7-36】局部变量屏蔽全局变量示例1。

程序代码如下:

```
count=10                          #全局变量count
def factors(n):
    count=0                       #局部变量count
    for i in range(1,n+1):
        if n%i==0:
            count+=1
    return count
print(factors(36))
```

本例中，全局变量count和局部变量count同名。在factors()函数内部，局部变量屏蔽全局变量，局部变量count起作用；在factors()函数外部，全局变量count起作用。

【例7-37】局部变量屏蔽全局变量示例2。

程序代码如下:

```
ls=[]                                 #创建全局列表ls
def factors(n):
    ls=[]                             #创建局部列表ls
    for i in range(1,n+1):
        ifn%i==0:
            ls.append(i)              #将因子添加到局部列表ls中
    print(ls)
```

```
factors(36)
```

本例中，全局列表ls和局部列表ls同名。在factors()函数内部，局部列表屏蔽全局列表，局部列表ls起作用；在factors()函数外部，全局列表ls起作用。

在使用局部变量和全局变量时，应注意以下几点。

① 避免不必要的变量同名。虽然不同作用域内定义同名变量是合法的，但应尽量避免，因为同名变量会让代码更难阅读和维护，可能会引入难以察觉的bug。

② 尽量使用局部变量，将变量的作用域限制在尽可能小的范围内。这是良好的编程习惯，可以有效降低变量同名冲突的概率。

本章小结

函数的使用能够显著提高代码的复用性和可维护性。在Python中，函数可分为两大类：Python 内置函数和用户自定义函数。自定义函数由用户根据具体需求自行定义。函数的定义和调用均遵循函数原型的方式，并严格遵循“先定义，后调用”的原则。

在函数调用过程中，会涉及函数间的参数传递机制与传递方法。函数通过return语句可以返回一个值或多个值，也可以不返回值。本章详细介绍了五种主要的参数传递方式，包括：位置参数、关键字参数、默认参数、可变数量参数以及解包参数。本章还介绍了使用lambda函数创建匿名函数的简洁语法，通常用于定义可以在一行内表示的由简单表达式组成的函数。

若一个函数直接或间接调用自身，则构成递归函数。构建递归函数时需要明确两个要素：基例（基础情形）和递归模式。

变量的作用域指的是变量在程序中的可访问范围。Python 中的变量作用域主要分为4种：局部作用域、全局作用域、闭包函数外的函数作用域以及内建作用域。

习题 7

在线习题

编程题

1. 从键盘输入一个非负整数 n，求 $\sum_{i=0}^{n} n$ 并输出。要求求和功能使用自定义函数实现。

2. 从键盘输入一个字符串，将该字符串反转并输出。要求字符串反转功能使用自定义函数实现。

3. 从键盘输入一个正整数n，生成一个列表，该列表包含斐波那契数列的前n个数值。要求生成列表功能使用自定义函数实现。

4. 从键盘输入一个包含3位数字的整数，判断该数是否为水仙花数并输出结果。要求水仙花数判断功能使用自定义函数实现。

5. 从键盘输入一句英文句子，统计该字符串中单词的个数并输出。要求统计单词个数功能使用自定义函数实现。

6. 从键盘输入一个字符串，判断该字符串是否为回文字符串（正读和反读都一样的字符串）并输出结果。要求判断字符串是否为回文字符串功能使用自定义函数实现。

7. 从键盘输入两个整数 m 和 n，计算组合数 C_m^n。要求使用递归函数完成求解，递归公式如下：

$$C_m^n = \begin{cases} 1 & n = m \text{ 或 } n = 0 \\ C_{m-1}^n + C_{m-1}^{n-1} & 1 \leqslant n < m \end{cases}$$

第8章

异常处理和程序调试

本章主要内容

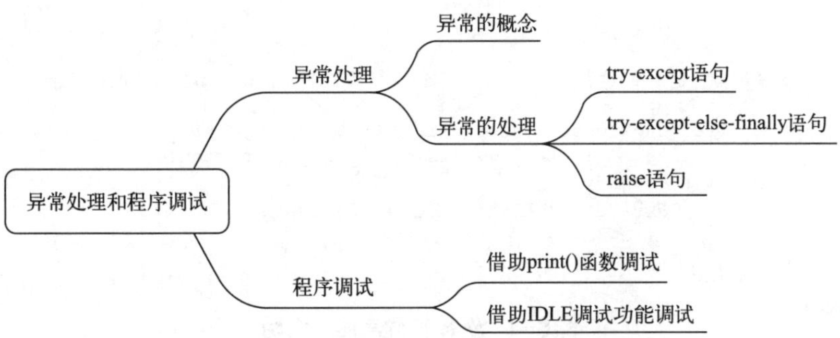

8.1 异常处理

异常（exception）是一个非常重要的概念，其指的是程序在运行过程中遇到的意外情况或错误。这些意外情况或错误如果不加以处理，可能会导致程序崩溃、终止或产生不可预期的结果。

8.1.1 异常的概念

【例8-1】要求从键盘输入两个数x和y，计算x/y并输出。

程序代码如下：

```
x=eval(input("请输入第一个数"))
y=eval(input("请输入第二个数"))
Res=x/y
```

```
print("{}/{}={:.2f}".format(x,y,Res))
```

上述代码执行时分为两种情况，即除数y不为0和除数y为0。

当输入的y不等于0时，程序能够正常运行并输出运行结果。程序运行结果如下。

```
请输入第一个数5
请输入第二个数6
5/6=0.83
```

当输入的y等于0时，程序会终止，并抛出回溯标记。程序运行结果如下：

```
请输入第一个数5
请输入第二个数0
Traceback (most recent call last):
  File "D:\Python\exam8_1.py",line 3,in <module>
    Res=x/y
ZeroDivisionError:division by zero
```

由此可见，当输入的y等于0时，程序退出并返回了异常信息。图8-1对异常信息进行了说明。

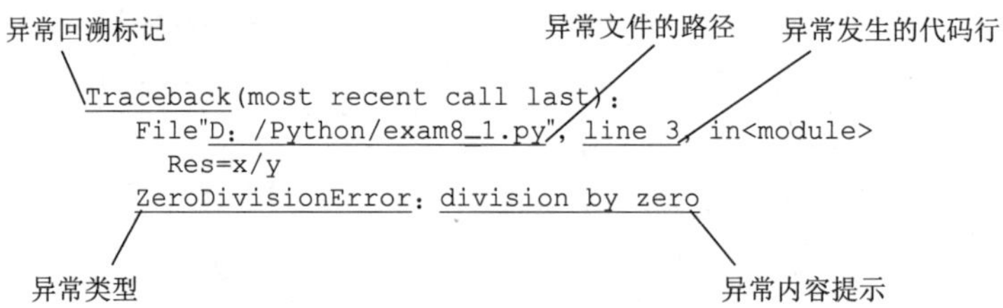

图8-1　例8-1异常信息说明

Python程序在执行过程中，当无法正常执行时就会发生异常。当程序中有异常错误或者语法错误时，程序都不能正常执行，但异常错误和语法错误有本质的差别。其中，语法错误是指代码的编写不符合Python的语法规范，程序无法运行；产生异常错误的程序代码没有语法错误，程序可以执行，在程序执行过程中遇到异常，程序会终止在出现异常的代码处，并抛出异常信息。在程序设计中，加入异常处理机制可以增强程序的健壮性，提高代码的可读性和可维护性，提供更友好的错误信息提示。Python提供了try-except语句和try-except-else-finally语句对异常进行处理。

8.1.2　try-except语句

Python中使用try-except语句捕获异常并对异常进行处理，使异常发生时程序能够正常执行。try-except语句的基本语法格式如下：

```
try:
    语句块1                                  #可能产生异常的语句块
```

```
except <异常类型>:                #要处理的异常类型，异常类型可省略
  语句块2                         #异常发生时执行的语句块
```

其中，语句块1是可能产生异常的语句块。except后面的异常类型不写明时，则捕获全部异常。except语句可以有一个，也可以有多个。语句块2是异常发生时执行的语句块，一般可以是异常错误信息提示、异常发生时替代的处理方法等。

【例8-2】使用try-except语句对例8-1的异常进行捕获或处理。

程序代码如下：

```
x=eval(input("请输入第一个数"))
y=eval(input("请输入第二个数"))
try:
    Res=x/y
    print("{}/{}={:.2f}".format(x,y,Res))
except ZeroDivisionError:
    print("除数为0")
```

当使用try-except语句对除数为0的异常进行处理后，输入y的值为0时，程序能够捕获异常并进行处理。

当输入的y值为0时，程序运行结果如下：

```
请输入第一个数5
请输入第二个数0
除数为0
```

当输入的y值不为0时，程序运行结果如下：

```
请输入第一个数6
请输入第二个数5
6/5=1.20
```

在try-except语句中，可以使用多个except子句捕获多个异常并进行处理。

【例8-3】使用多个except语句对例8-1进行多个异常的捕获和处理。

程序代码如下：

```
try:
    x=eval(input("请输入第一个数"))
    y=eval(input("请输入第二个数"))
    Res=x/y
    print("{}/{}={:.2f}".format(x,y,Res))
except ZeroDivisionError:
```

```
    print("除数为0")
except NameError:
    print("输入错误，需要输入数值")
```

例8-1中的代码运行时，如果输入的x和y不是数值，会产生NameError异常。例8-3通过增加except语句实现了对除数为0及输入非数值两种异常的捕获和处理。

8.1.3 try-except-else-finally语句

除了最基本的try-except语句之外，Python还提供try-except-else-finally语句对异常进行处理。try-except-else-finally语句的基本语法格式如下：

```
try:
  语句块1:
except <异常类型>:
  语句块2
else:
  语句块3
finally:
  语句块4
```

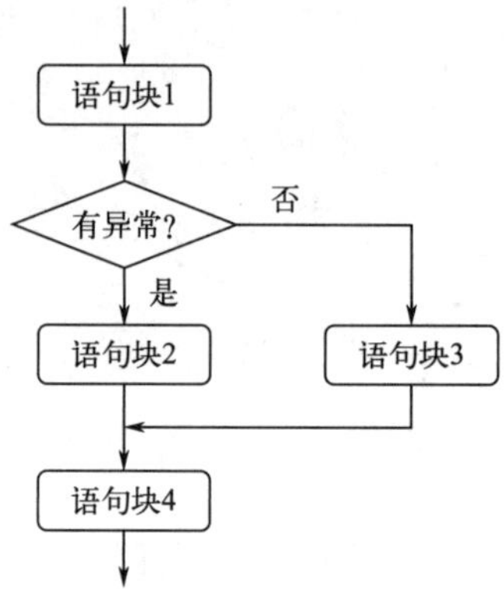

图8-2 try-except-else-finally语句的执行流程

try-except-else-finally语句的执行流程如图8-2所示。程序先执行语句块1，语句块1有异常，执行语句块2，跳过语句块3，执行语句块4；语句块1没有异常，则执行语句块3和语句块4。

【例8-4】除法运算。要求从键盘输入两个整数（被除数和除数），完成除法运算并输出商。

程序代码如下：

```
try:
    d1=int(input("请输入被除数(一个整数):"))
    d2=int(input("请输入除数(一个整数):"))
    result=d1/d2
    print("{}/{}={}".format(d1,d2,result))
#如果用户输入的不是整数，会引发ValueError
except ValueError:
    print("输入错误！请输入有效的整数。")
#如果除数为0，会引发 ZeroDivisionError
except ZeroDivisionError:
    print("错误！除数不能为零。")
#捕获其他可能的异常
```

```
except Exception as e:
    print("发生了未知错误:",e)
#如果没有发生任何异常，执行这里的代码
else:
    print("计算成功，没有发生异常！")
#无论是否发生异常，都会执行这里的代码
finally:
    print("程序执行完毕")
```

程序运行结果1如下：

```
请输入被除数(一个整数):35.0
输入错误！请输入有效的整数。
程序执行完毕
```

程序运行结果2如下：

```
请输入被除数(一个整数):35
请输入除数(一个整数):0
错误！除数不能为零。
程序执行完毕
```

程序运行结果3如下：

```
请输入被除数(一个整数):35
请输入除数(一个整数):8
35/8=4.375
计算成功，没有发生异常！
程序执行完毕
```

8.1.4 raise语句

Python中还可以使用raise语句由开发者主动抛出异常，结束程序的执行。raise语句的基本语法格式如下：

```
rasie [Exception[,args[,traceback]]]
```

其中，Exception是引发的异常类型，args是异常的参数（可选），traceback是异常的跟踪信息（可选）。

Python中常见的异常类型如表8-1所示。

表8-1 Python中常见的异常类型

异常类型	说明
AttributeError	属性错误（尝试访问对象不存在的属性）

续表

异常类型	说明
TypeError	类型不匹配
NameError	引用的名字不存在
ValueError	数值不在预期范围内
ZeroDivisionError	除数为 0
SyntaxError	代码语法错误
FileNotFoundError	文件不存在
IOError	输入 / 输出操作失败
IndentationError	缩进错误
OverflowError	数值超出了最大限制

【例8-5】从键盘输入一个年份，判断该年是否为闰年并输出结果。当输入年份为非整数时，抛出异常。

程序代码如下：

```
year=eval(input("请输入年份"))
try:
    if type(year)!=int:                  #输入的年份不是整数时，抛出异常
        raise TypeError("输入的年份不是整数")
except Exception as e:
    print(e)
else:
    if((year%4==0 and year%100!=0) or year%400==0):
        print("{}年是闰年".format(year))
    else:
        print("{}年不是闰年".format(year))
```

程序运行结果分为输入的年份是整数和输入的年份不是整数两种情况。

输入年份是整数时的运行结果如下：

```
请输入年份2025
2025年不是闰年
```

输入年份不是整数时运行结果如下：

```
请输入年份202.5
输入的年份不是整数
```

8.2 程序调试

在程序设计过程中，不可避免地会出现各种各样的错误。可以将程序的错误分为两类：静态错误和动态错误。静态错误可以理解为编译器报错，有错误信息提示，开发者可以根据提示信息对程序进行修改。动态错误是指程序编译成功并生成了可执行文件，能够运行，但其运行结果与预期不符。动态错误通常不易直接察觉，需要借助调试手段进行定位和修正。常用的程序调试方法包括使用print()函数输出中间变量值，或者利用IDLE等集成开发环境提供的调试功能。

8.2.1 使用print()函数进行调试

使用print()函数是最简单的程序调试方法，即在程序代码中加入print()函数，输出一些中间变量值，通过对中间变量值的观察，检查程序的错误代码并做出相应的修正。

【例8-6】从键盘输入一个数a，利用迭代法求$\sqrt{a}$并输出结果。求平方根的迭代公式为$x_{n+1}=\frac{1}{2}\left(x_n+\frac{a}{x_n}\right)$，精度要求为$|x_{n+1}-x_n|<10^{-5}$。

分析：为了方便检查代码的错误并进行修正，在程序代码中加入了print()函数，输出一些中间结果。

程序代码如下：

```
import math
a=eval(input("请输入一个数"))
x0=a/2
x1=0.5*(x0+a/x0)
n=1
#输出迭代的中间结果
print("第{}次迭代结果:x0={:.5f},x1={:.5f}".format(n,x0,x1))
while(math.fabs(x1-x0)>=1e-5):
    x0=x1
    x1=0.5*(x0+a/x0)
    n=n+1
    #输出迭代的中间结果
    print("第{}次迭代结果:x0={:.5f},x1={:.5f}".format(n,x0,x1))
    print("{}的平方根为{:.2f}".format(a,x1))
```

程序运行结果如下：

```
请输入一个数15
第1次迭代结果:x0=7.50000,x1=4.75000
第2次迭代结果:x0=4.75000,x1=3.95395
第3次迭代结果:x0=3.95395,x1=3.87381
第4次迭代结果:x0=3.87381,x1=3.87298
```

```
第5次迭代结果:x0=3.87298,x1=3.87298
15的平方根为3.87
```

本例中，位于循环语句中的print("第{}次迭代结果：x0={:.5f},x1={:.5f}".format(n,x0,x1))用于输出迭代的中间结果，方便用户根据中间结果检查代码并进行相应的修正。

使用print()函数辅助进行程序的调试，优点是简单直观；缺点是这些辅助调试的代码其实是程序中不需要的代码，在后期正式代码发布时需要对这些代码进行注释或者删除，后期的处理会比较烦琐。

8.2.2 使用IDLE的调试功能进行调试

大多数的集成开发环境自带调试功能，本小节介绍如何利用Python自身的集成开发环境IDLE的调试功能进行程序调试。

【例8-7】从键盘输入两个整数x和y，求x和y的最大公约数并输出结果。要求x和y的最大公约数使用自定义函数实现。

程序代码如下：

```
def GCD(a,b):
    r=a%b
    while(r!=0):
        a=b
        b=r
        r=a%b
    return b
x,y=eval(input("请输入两个整数"))
if type(x)==int and type(y)==int:
    Res=GCD(x,y)
    print("{}和{}的最大公约数是{}".format(x,y,Res))
else:
    print("输入数据类型错误")
```

将例8-7中的程序代码保存为test.py，将test.py作为待调试的代码，具体调试步骤如下。

第1步：打开Python的IDLE，对代码进行编辑，并保存为test.py。

第2步：选择“Run”→“Run Module”命令，如图8-3所示，打开Python Shell窗口。

第3步：选择“Debug”→“Debugger”命令，如图8-4（a）所示；打开“Debug Control”窗口，如图8-4（b）所示；同时在Python Shell窗口显示DEBUG ON，表示调试模式已打开，如图8-4（c）所示。

第4步：设置断点。在IDLE窗口中右击程序代码中需要设置断点的代码行，在弹出的快捷菜单中选择“Set Breakpoint”命令，如图8-5（a）所示；设置后，该行代码的背景变为黄色，如图8-5（b）所示。

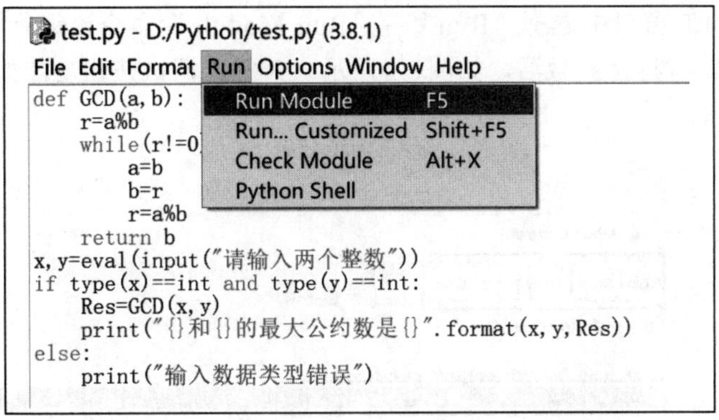

图8-3　选择“Run”→“Run Module”命令

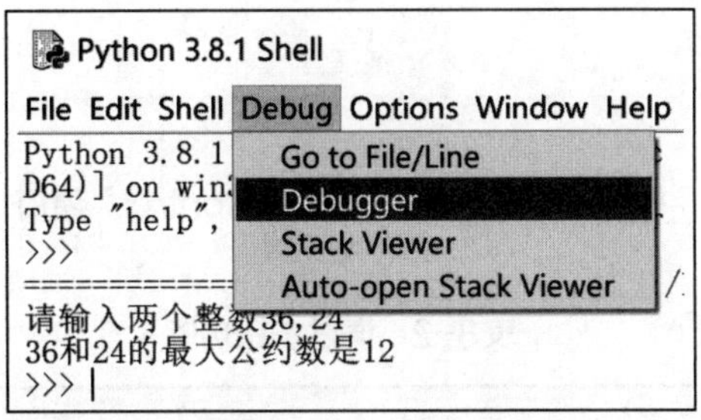

(a) 选择“Debug”→“Debugger”命令

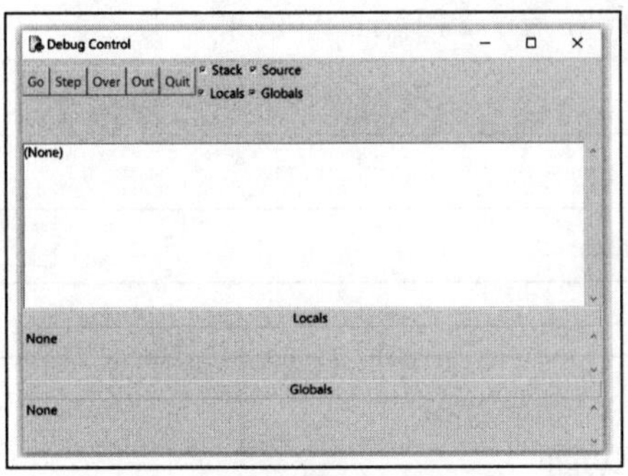

(b)“Debug Control”窗口

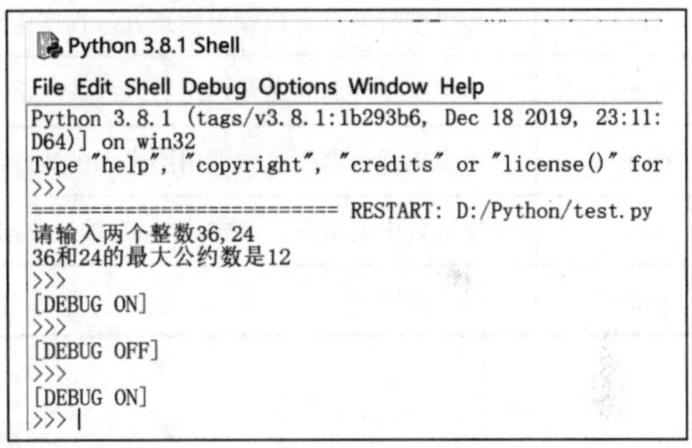

(c) 显示“DEBUG ON”

图8-4　打开调试模式

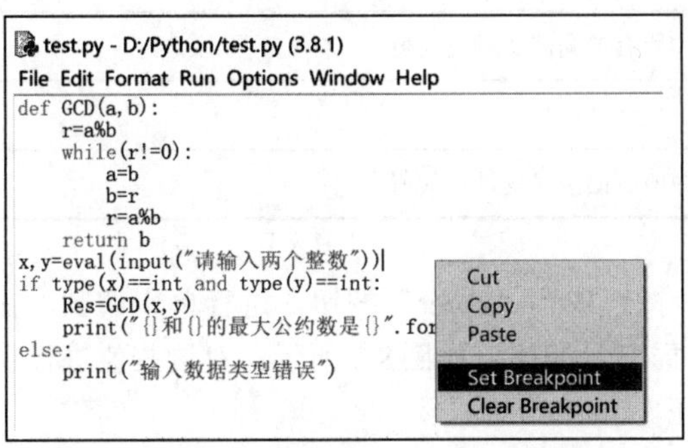

(a) 设置断点操作

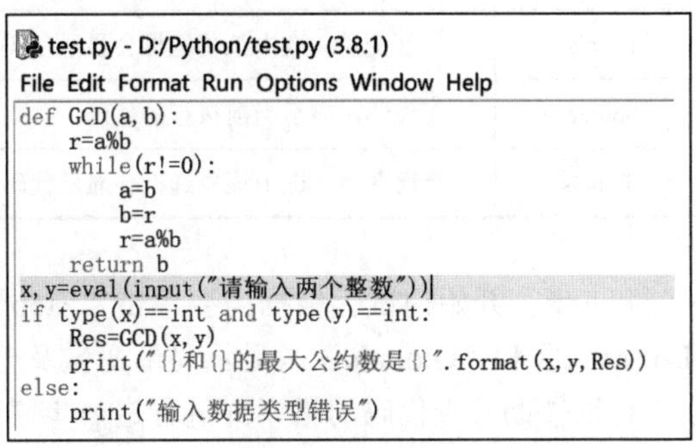

(b) 断点设置完成界面

图8-5　设置断点

第5步：在IDLE窗口中选择“Run”→“Run Module”命令，运行程序，之前打开的“Debug Control”窗口将会被激活，如图8-6所示。其中，调试按钮功能如表8-2所示，复选框功能如表8-3所示。

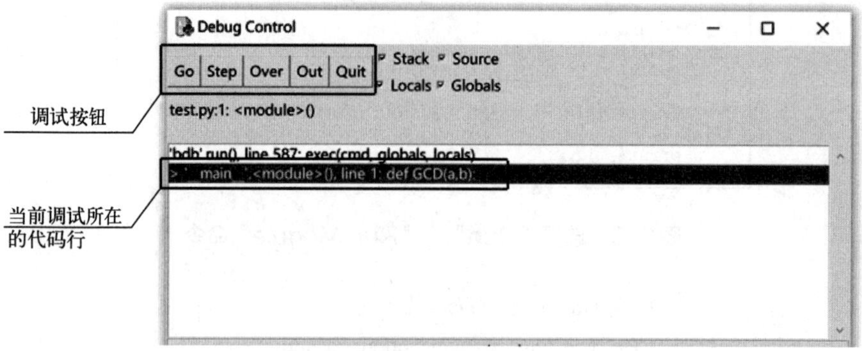

图8-6 激活的“Debug Control”窗口

表8-2 调试按钮功能

按钮	功能
Go	程序中有断点，执行至断点处；程序中无断点，程序正常执行至代码结束
Step	单步执行，遇到函数调用进入函数内部
Over	单步执行，遇到函数调用不进入函数内部
Out	在函数中调试时，单击“Out”按钮跳出函数
Quit	终止调试

表8-3 复选框功能

复选框	功能
Stack	调用栈，记录函数调用的堆栈结构，按照函数调用顺序跟踪代码的执行
Locals	局部变量，选中该复选框会显示代码中所有的局部变量及其值
Source	源代码，显示当前执行的代码
Globals	全局变量，选中该复选框会显示代码中所有的全局变量及其值

第6步：开始调试。根据需要单击“Step”按钮或者“Over”按钮，进行单步调试，在“Locals”区和“Globals”区显示局部变量及全局变量的值，如图8-7所示。对这些值进行观察，可以辅助检查代码的错误并进行进一步修正。

第7步：关闭调试模式。关闭“Debug Control”窗口，在IDLE窗口中显示“DEBUG OFF”，表示调试模式已关闭，如图8-8所示。

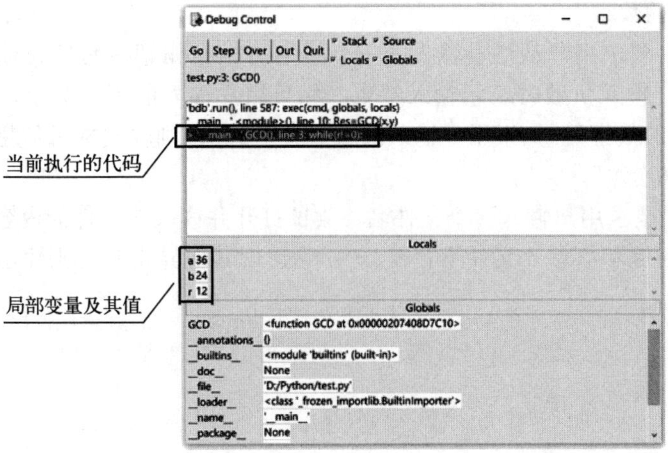

图8-7 调试

```
========================= RESTART: D:/Python/test.py
请输入两个整数36,24
36和24的最大公约数是12
[DEBUG ON]
>>>
[DEBUG OFF]
>>> |
```

图8-8 关闭调试模式

本章小结

异常是指程序在运行过程中遇到的意外情况或错误。本章系统介绍了3种核心异常处理机制：基础异常捕获try-except语句、完整异常处理try-except-else-finally语句和主动异常触发raise语句。

在程序设计中，常见的错误有静态错误和动态错误两种。对于动态错误，本章介绍了两种实用的调试方法：一种是利用print()函数输出变量值；一种是利用IDLE集成开发环境的调试功能（单步执行，执行到断点等）跟踪变量状态。

习题 8

在线习题

编程题

1.定义一个列表list1=[90,86,78,76,67,90]，从键盘输入一个整数作为索引，输出索引对应的列表元素。要求对输入的索引进行验证，如果索引超出范围，则输出提示信息“索引超出范围”；如果输入的不是整数，则输出提示信息“请输入一个有效的整数索引”。

2.编写程序，要求从键盘输入一个数，计算该数的平方根并输出。如果用户输入的是负数，则输出提示信息“无法计算负数的平方根”；如果输入的不是数字，则输出提示信息

“请输入一个有效的数字”。

3.编写程序，要求用户从键盘输入若干个学生的Python语言程序设计课程的成绩，计算平均分并输出，输入负数时表示输入结束。如果用户输入的不是数字，则输出提示信息“请输入一个有效的数字”；如果用户输入的数值大于100，则输出提示信息“请输入一个有效的分数（0～100分）”。

4.编写程序，要求用户输入一个文件名，尝试打开并读取该文件的内容并输出。如果文件不存在，则输出提示信息“文件不存在！”；当出现其他异常时，则输出提示信息“读取文件时发生错误”。

第 9 章

文件

本章主要内容

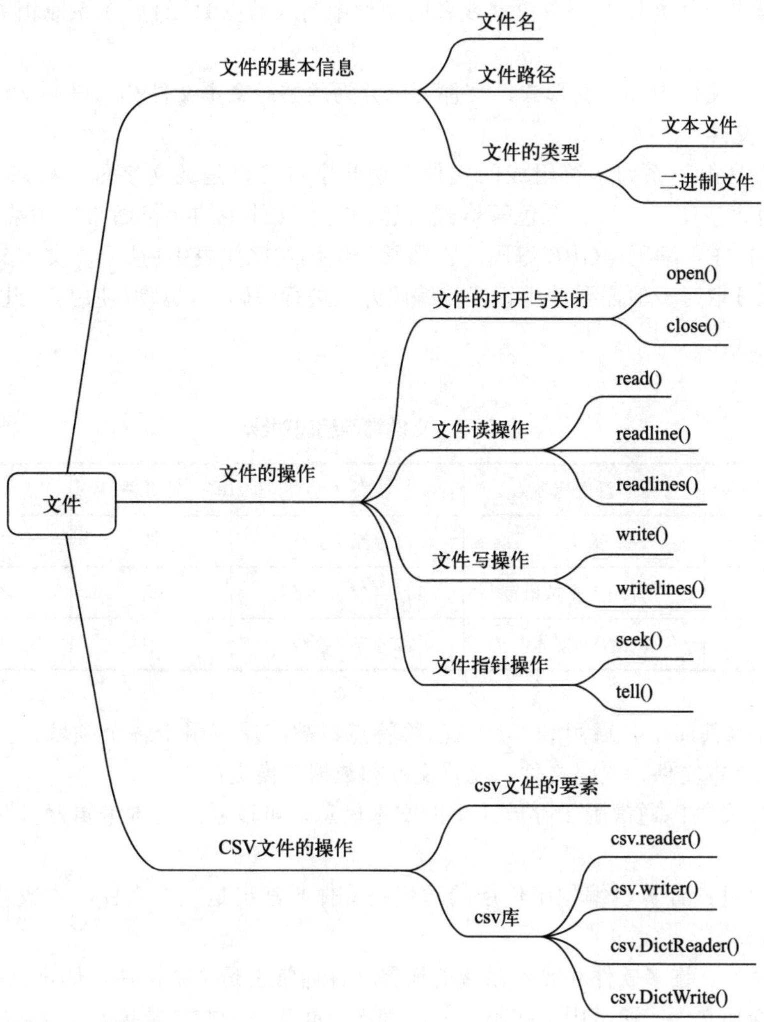

9.1 文件概述

前面章节进行程序设计时处理的数据来源主要是以内存储器为依托的内存数据，如简单的整型、浮点型变量，组合数据类型（如列表、字典等）。该类数据具有处理速度快的优点，但是数据的可保存性低，数据共享能力差。

为了提高程序中数据的可保存性和数据的共享能力，可考虑将程序设计中需要处理的数据保存在外存储器中（存储在外部介质中）。存放在外部介质中的数据是以文件的形式进行管理的，对这类数据的处理方法主要有两种：一种是从文件中获取数据（对文件进行读操作），进行相关的处理；一种是将处理的结果保存到文件（对文件进行写操作）中，便于数据的长时间保存。

9.1.1 文件的概念

文件是存储在外部介质中的信息的集合，它们可以是数据和程序，也可以是图形、图像、声音、视频、动画等信息。操作系统是以文件为单位对数据信息进行管理的，如果要对文件中的数据进行处理，需要先找到指定文件并打开（也可能是创建一个新的文件），然后对文件进行操作（从文件中读取数据或者向文件中写入数据），最后在完成相关操作后关闭文件。

按照数据在文件中存储的形式，文件可以分为两类：文本文件和二进制文件。

9.1.1.1 文本文件

文本文件是由一系列字符组成的文件，这些字符可以是英文字母、标点符号、数字、汉字等，不包含字体、字号、颜色等格式信息。文本文件中的字符通常采用某种编码方式，如ASCII码、UTF-8编码、GBK编码。文件常用编码对比如表9-1所示。文本文件由于存在编码，因此在读取时一般需要使用正确的编码方式进行解码，以获取使用者可以理解的字符信息。

表9-1 文件常用编码对比

编码类型	字符集范围	文件大小	兼容性	适用场景
ASCII 码	英文	1 字节 / 字符	低	纯英文文本
UTF-8 编码	全球绝大多数语言	1 ～ 4 字节 / 字符	高	多语言文本
GBK 编码	简体中文、繁体中文	2 字节 / 字符	中	中文文本

文本文件因其简单、通用和可读性强等特点，被广泛应用于各个领域。文本文件常见的形式包括记事本文件、代码文件、配置文件和数据交换文件。

① 记事本文件：通常用于存放简单的文本信息，可以通过文本编辑器打开和编辑，如记事本。

② 代码文件：计算机编程中使用的源代码文件通常也是文本文件，一般通过相应的编程工具进行编辑。

③ 配置文件：许多软件和操作系统的配置文件通常也是文本文件，如常见的.ini文件。

④ 数据交换文件：通常用于在不同应用程序之间交换和共享数据，如.csv文件。

9.1.1.2 二进制文件

除文本文件之外的其他文件都称为二进制文件。二进制文件的数据按其二进制编码保存在外部介质中，如声音文件、图形图像文件、视频文件等。由于不同的数据信息在存储和处理时会使用不同的编码格式，即二进制文件没有统一的编码格式，因此文件的内容通常无法直接读取，不同类型的二进制文件需要借助不同的库来进行处理。

和文本文件相比，二进制文件占用存储空间小，由于没有统一的编码格式，因此信息的读取操作复杂；文本文件占用的存储空间大，字符有统一的编码格式，可读性强，可以方便地实现字符的输入/输出，处理速度快。

9.1.2 文件的基本信息

文件的基本信息包括文件名、文件路径、文件类型、创建时间、文件大小等。使用Python对文件进行操作时，需要明确文件名、文件类型和文件路径这3个重要信息，因此本小节主要对这3个基本信息进行介绍。

9.1.2.1 文件名

信息以文件形式在外部介质中存储时，需要给文件进行命名。文件名是文件的标识，用于区分不同的文件。文件的命名形式如下：

```
******.扩展名
```

文件名包括两部分，即文件主名和扩展名，两部分之间用“.”隔开。

Windows操作系统中，文件主名最多可包含255个字符；文件主名可以使用英文字母、数字、汉字、空格和一些特殊字符（如“$”“#”“_”“-”“(”“)”“{”“}”等），不允许使用“/”“\”“<”“>”“*”“:”“"”“|”等符号；文件主名不区分英文字母的大小写；由于“.”是文件主名和扩展名之间的分隔符号，因此在文件主名中不建议使用“.”。

文件的扩展名是文件名“.”后面的部分，用于标识文件的类型。常用的文件类型及其扩展名如表9-2所示。

表9-2 常见的文件类型及其扩展名

文件类型	扩展名
文档文件	txt、doc/docx、pdf、rtf、wps
图像文件	png、gif、jpg
音频文件	mp3、wav
视频文件	mp4、avi
压缩文件	rar、zip、7z
程序文件	exe、app、bat
电子表格文件	xls/xlxs、csv、et
演示文件	ppt/pptx、dps
系统文件	dll、ini、log

9.1.2.2 文件路径

每一个文件都要保存在计算机系统的存储介质（如硬盘）中，可以使用文件路径表示文件在计算机系统中的存储位置。不同操作系统中文件路径的表示方法有所不同。

Windows操作系统中，文件路径的表示方法为“D:\python\test.py”（表示D盘符下python文件夹中的test.py文件）；Linux/UNIX/macOS操作系统中，文件路径的表示方法为“/python/test.py”（表示python文件夹中的test.py文件）。

9.1.2.3 文件类型

文件类型可以从多个维度进行划分：按照文件中数据的存储形式进行分类，文件可以分为文本文件和二进制文件；按照文件的内容和用途分类，文件可以分为文档文件、音频文件、视频文件、图像文件、程序文件、压缩文件。

在使用Python对文件进行读写操作时，必须指明文件的类型（文本文件或二进制文件）。

9.2 文件的打开与关闭

对文件的操作一般遵循以下步骤：①打开/创建文件；②从文件中读取数据或者向文件中写入数据；③关闭文件。

9.2.1 文件打开函数open()

Python的内置函数open()用于打开文件，并返回一个文件对象，可以通过该对象进行文件的读写操作。open()函数的基本语法格式如下：

```
open(file,mode='r',buffering=-1,encoding=None,errors=None,newline=
None,closefd=True,opener=None)
```

open()函数的参数说明如下。

file：待打开的文件，可以采用绝对路径或者相对路径进行描述。

mode：文件的打开模式，可选参数，默认为只读模式。

buffering：设置缓冲策略，默认为-1，表示系统默认缓冲。

encoding：文件的编码格式，默认为None。

errors：编码错误时的处理策略。

newline：换行符的处理参数，可选参数，默认为None。

closefd：是否在文件关闭时关闭文件描述符，可选参数，默认为True。

opener：打开文件的自定义文件打开器，可选参数，默认为None，通常不需要。

下面主要介绍file和mode两个参数。

9.2.1.1 file

file参数用于指定要打开的文件。file通常是文件路径。文件路径最常见的用法有字符串形式和路径对象形式。

① 字符串形式：直接传递文件路径的字符串，有绝对路径和相对路径两种描述方法。

a. 绝对路径：从文件系统的根目录开始，包含路径上所有的文件夹名，直接指向文件的位置，不需要参考当前的工作目录。

b. 相对路径：从当前的工作目录开始的路径，依赖于当前所在的工作目录。

【例9-1】在Windows操作系统中打开“D:\Python\example.txt”文件，文件路径采用字符串形式。

如果使用绝对路径，则Windows操作系统中的路径分隔符为“\”。在Python字符串中，“\”需要使用转义字符“\\”，因此打开文件的代码如下：

```
f=open("D:\Python\example.txt",'w',encoding='utf-8')
```

如果当前的工作目录为D:\Python，则可使用相对路径，此时打开文件的代码如下：

```
f=open("example.txt",'w',encoding='utf-8')
```

使用相对路径时，需要弄清楚当前的工作目录。可以使用os模块中的getcwd()函数获取当前目录，程序代码如下：

```
import os
current_path=os.getcwd()
print(current_path)
```

代码执行后，current_path即当前的工作目录。

② 路径对象形式：使用pathlib.Path对象表示路径。

【例9-2】在Windows操作系统中打开“D:\Python\example.txt”文件，文件路径采用路径对象形式。

程序代码如下：

```
from pathlib import Path
file_path=Path("D:/Python/example.txt")
f=open(file_path,'a',encoding='utf-8')
```

9.2.1.2 mode

mode参数用于控制文件的打开模式。open()函数提供了7种基本的打开模式，如表9-3所示。

表9-3 文件的打开模式

打开模式	功能
'r'	只读模式(默认)。如果文件不存在，则返回FileNotFoundError异常
'w'	覆盖写模式。如果文件存在，则打开文件并清空文件内容；如果文件不存在，则创建新文件
'x'	创建写模式。如果文件不存在，则创建文件；如果文件存在，则返回FileExistsError异常
'a'	追加写模式。如果文件存在，则打开文件后在文件末尾追加内容；如果文件不存在，则创建新文件

续表

打开模式	功能
'b'	二进制文件模式。使用方法如 'rb'、'wb' 等
't'	文本模式，默认，如 'rt' 同 'r'
'+'	读写模式，使用时与 r/w/x/a 联合使用，在原有功能的基础上增加读写功能。例如，'r+' 表示在原有读功能的基础上增加写功能

使用open()函数时需要注意文件的编码：在不同的操作系统中默认的编码可能不同，如果文件使用的编码与默认编码不匹配，会导致异常发生。建议在文本模式下指定encoding参数（如utf-8），该编码适用于大多数场景，以避免编码错误。

9.2.2 with语句

在Python中，with语句可以用于简化文件处理。with语句通过上下文管理器（context manager）自动管理资源的分配和释放，确保即使在发生异常的情况下，资源也能被正确清理。在文件打开时，使用with语句可以解决用户忘记关闭文件时产生的内存资源释放问题。

with语句的基本语法格式如下：

```
with open(file,mode,encoding='utf-8') as name:
  #代码块
```

其中，name表示打开的文件；代码块为对文件的操作代码，和with之间有缩进。

【例9-3】打开当前目录下的example.txt文件。

程序代码如下：

```
with open("example.txt",'w',encoding='utf-8') as f:
    f.write("Study hard and make progress every day.")
```

9.2.3 文件关闭函数close()

在Python中，close()函数用于关闭打开的文件。close()函数的基本语法格式如下：

```
<文件对象>.close()
```

【例9-4】在Windows操作系统中打开当前目录下的example.txt文件，对文件进行操作后关闭文件。

程序代码如下：

```
f=open("example.txt",'w',encoding='utf-8')
#文件操作代码块
```

```
f.close()
```

close()函数的作用主要如下：①关闭文件并释放操作系统分配的资源；②确保数据的写入；③避免文件损坏。在进行程序设计时，如果文件打开时没有使用with语句，则在文件操作结束时需要显式调用close()函数关闭文件。

9.3 文件的操作

打开文件后，可根据文件的打开方式对文件进行读操作或者写操作。对文件的读写操作需要和文件的打开方式相匹配。

9.3.1 文件的读操作

Python提供了3个常用方法read()、readline()、readlines()来读取文件中存储的数据，如表9-4所示。

表9-4 文件的常用读取方法

读取方法	功能
read(size=-1)	不指定size参数，读取文件中的所有内容；指定size参数，读取文件中的size个字符(文本文件)或字节(二进制文件)
readline()	从文件中读取一行内容
readlines()	从文件中读取所有行，返回一个以文件每行字符串为元素的列表

【例9-5】从user.txt文件中读取用户密码信息并输出。

方法1：一次读取文件中所有的内容并输出。

程序代码如下：

```
with open("user.txt",'r') as f:
    s=f.read()
print(s)
```

程序运行结果与记事本内容如图9-1所示。

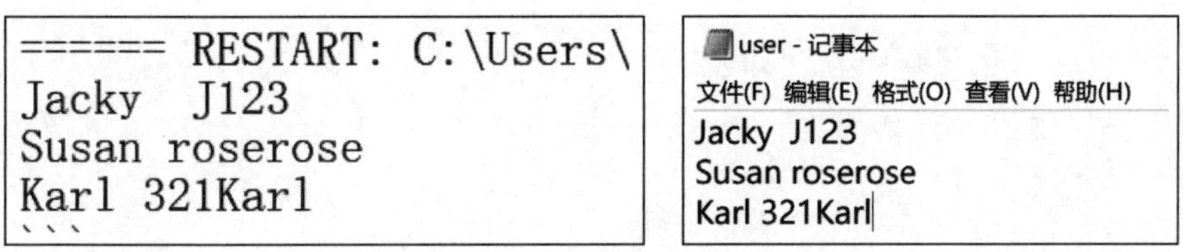

图9-1 程序运行结果与记事本内容

在这段代码后加入读取文件内容的代码，具体如下：

```
with open("user.txt",'r') as f:
    s=f.read()
    print(s)
ns=f.read()
print(ns)
```

程序运行结果如图9-2所示。

```
====== RESTART: C:\Users\mj\AppData\Local\Programs\Python\Python38\test.py =====
Jacky  J123
Susan roserose
Karl 321Karl
Traceback (most recent call last):
  File "C:\Users\mj\AppData\Local\Programs\Python\Python38\test.py", line 4, in
<module>
    ns=f.read()
ValueError: I/O operation on closed file.
```

图9-2 程序运行结果

由程序运行结果可以看出，第4条语句ns=f.read()执行时发生了异常，异常原因是对已关闭的文件进行读写操作。由此可知，虽然代码中没有调用文件关闭方法close()，但是由于使用了with语句，user.txt文件已经被关闭。

方法2：逐行读取文件的内容并输出。

程序代码如下：

```
f=open("user.txt",'r')
s=f.readline()
while s!="":            #文件没有读完
    print(s)
    s=f.readline()
f.close()
```

当打开文件没有使用with语句时，在文件读写操作完成后，需要使用close()方法关闭文件。

方法3：遍历文件。

程序代码如下：

```
fname=input("请输入要打开的文件：")
f=open(fname,"r")
for line in f:      #遍历文件
    print(line)
f.close()
```

方法3的代码中，文件名由用户从键盘输入，这样的处理可以提高程序的灵活性与通用性。

Python中可以直接对文件对象进行遍历，逐行读取文件内容。对于文本文件和大文件，逐行读取是比较推荐的读取方式。

对文件进行读取时，也可以使用readlines()方法按行读取文件中的所有内容，并将每一行作为字符串存储在列表中返回。该方法非常适合需要一次性处理文件所有内容且文件较小的场景。

【例9-6】读取student.txt文件中的内容并输出。student.txt文件中的内容如图9-3所示。

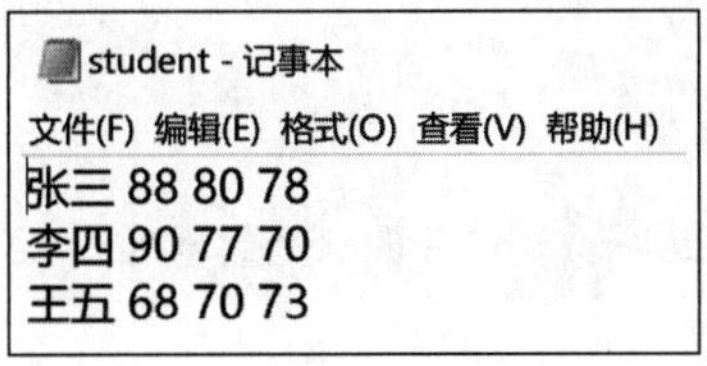
student - 记事本
文件(F) 编辑(E) 格式(O) 查看(V) 帮助(H)
张三 88 80 78
李四 90 77 70
王五 68 70 73

图9-3　student.txt文件中的内容

程序代码如下：

```
fname=input("请输入要打开的文件：")
with open(fname,"r",encoding='utf-8') as f:
    stu=f.readlines()
    print(stu)
```

程序运行结果如下：

```
请输入要打开的文件：student.txt
['张三 88 80 78\n','李四 90 77 70\n','王五 68 70 73\n']
```

【例9-7】读取fees.txt文件中的内容，其中存储了8个家庭的月均子女培训费用，输出月均培训费用金额在3000～6000元的培训费用，同时统计月均消费金额在3000（不含）～6000（不含）元的家庭数量并输出。fees.txt文件中的内容如图9-4所示。

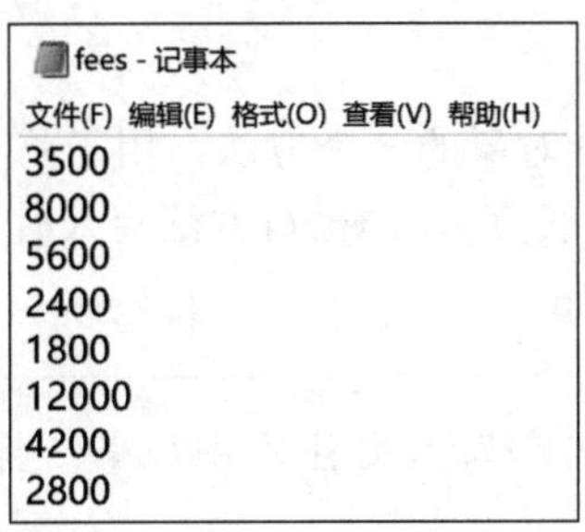
fees - 记事本
文件(F) 编辑(E) 格式(O) 查看(V) 帮助(H)
3500
8000
5600
2400
1800
12000
4200
2800

图9-4　fees.txt文件中的内容

程序代码如下：

```
with open('fees.txt','r') as f:
    fee=[]
    for line in f:
        cost=int(line)
        fee.append(cost)
num=0
for i in fee:
    if 3000<i<6000:
        print(i)
        num+=1
print("月均培训费用在3000～6000元的家庭数量为{}".format(num))
```

程序运行结果如下：

```
3500
5600
4200
月均培训费用在3000～6000元的家庭数量为3
```

9.3.2 文件的写操作

Python提供了2个常用方法write()、writelines()来将数据写入指定的文件（表9-5），提供了一个辅助方法seek()用于控制数据写入文件的位置。

表9-5　文件的常用写入方法

方法	功能
write(s)	向文件中写入一个字符串，返回写入文件的字符数
writelines(lines)	向文件中写入一个可迭代的字符串序列（如字符串列表、字符串元组）

9.3.2.1 write()方法

在Python中，write()是文件对象的一个方法，用于将字符串内容写入文件。该方法返回写入文件的字符数（字符串的长度）。write()方法写入时不会自动添加换行符，如果需要写入多行内容，需要手动添加“\n”。

【例9-8】从键盘输入文件名和写入文件的字符串，将输入的字符串写入文件，同时统计写入文件的字符数并输出。

程序代码如下：

```
fname=input("请输入要打开的文件名：")
s=input("请输入写入文件的字符串：")
with open(fname,"w",encoding='utf-8') as f:
    n=f.write(s)
    print("向example.txt文件中写入了{}个字符".format(n))
```

程序运行结果如下：

```
请输入要打开的文件名：example.txt
请输入写入文件的字符串：I love China.
向example.txt文件中写入了13个字符
```

程序运行后example.txt文件中的内容如图9-5所示。

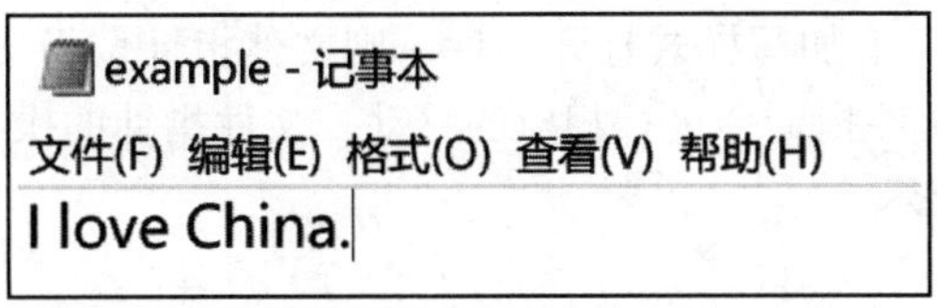

图9-5　程序运行后example.txt文件中的内容

9.3.2.2　writelines()方法

在Python中，writelines()是文件对象的一个方法，用于向文件中写入一个可迭代的字符串序列（如字符串列表、字符串元组），没有返回值。writelines()方法只是将列表中的每个字符串写入文件，不会在字符串之间添加换行符。

【例9-9】 从键盘输入文件名，使用wrtielines()方法将列表classics的内容（列表classics=["红楼梦","西游记","水浒传","三国演义"]）写入指定的文件中。

程序代码如下：

```
fname=input("请输入要打开的文件名：")
classics=["红楼梦","西游记","水浒传","三国演义"]
file=open(fname,"w+",encoding='utf-8')
file.writelines(classics)      #将列表classics写入指定文件
for line in file:              #遍历文件
    print(line)
file.close()
```

程序运行时输入文件名example.txt，程序运行后example.txt文件中的内容如图9-6所示。

```
请输入要打开的文件名：example.txt
```

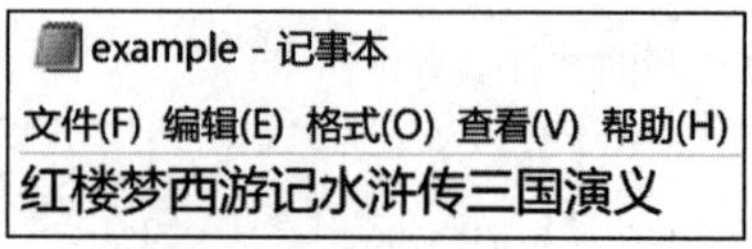

图9-6 程序运行后example.txt文件中的内容

通过程序的运行结果可以得到以下结论。

① writelines()方法只是将列表中的每个字符串写入文件，不会在字符串之间添加换行符。

② 代码中对文件进行了遍历并输出文件每一行的内容，在运行结果中并没有内容输出。这和文件指针的位置有关，当使用writelines()方法对文件进行操作后，文件指针位于文件的末尾，可以通过seek()方法移动文件指针到文件的指定位置。

9.3.3 文件的指针操作

文件指针用于指示当前文件的读写位置。当打开一个文件时，文件指针通常位于文件的开头（位置0）；如果以追加写模式打开文件，则文件指针位于文件的末尾（位置2）。对文件进行读写操作时，文件指针会进行相应的移动。文件指针的操作方法主要有seek()方法和tell()方法，如表9-6所示。

表9-6 文件指针的操作方法

方法	功能
seek(offset[,whence])	移动文件指针到指定位置
tell()	返回当前文件指针的位置

9.3.3.1 seek()方法

在Python中，seek()方法用于移动文件指针到指定位置，以便可以从该位置开始读取或写入文件。文件指针的位置决定了文件操作（如读取或写入）的起始点。

seek()方法的基本语法格式如下：

```
file.seek(offset,whence)
```

seek()方法的参数说明如下。

file：打开的文件对象。

offset: 移动的字节数，可以是正数（向前移动）或负数（向后移动）。

whence: 可选参数，默认值为0，为移动的基准位置。当whence为0时表示文件开头，为1时表示文件的当前位置，为2时表示文件末尾。

对于文本文件，建议使用时配合0基准位或者2基准位，因为文本模式可能会因为编码问题导致字节位置不准确；对于二进制文件，支持全功能定位，因为文件被视为字节流。在使用时，可以结合tell()方法获取文件指针的当前位置。

【例9-10】改写例9-9，从键盘输入文件名，使用wrtielines()方法将列表classics的内容（列表classics=["红楼梦","西游记","水浒传","三国演义"]）写入指定的文件中，同时将写入文件的内容读出并在显示器显示。

程序代码如下：

```
fname=input("请输入要打开的文件名:")
classics=["红楼梦","西游记","水浒传","三国演义"]
file=open(fname,"w+",encoding='utf-8')
file.writelines(classics)       #将列表classics写入指定文件
file.seek(0)                    #文件指针移动至文件开头
for line in file:               #遍历文件
    print(line)
file.close()
```

程序运行结果如图9-7所示。

图9-7　例9-9程序运行结果

说明：

① 当使用writelines()方法对文件进行操作后，文件指针位于文件末尾。

② file.seek(0)等价于file.seek(0,0)，其功能是将文件指针移动至文件的开头。

9.3.3.2　tell()方法

在Python中，tell()方法用来获取当前文件指针的位置。文件指针就像是一个光标，它决定了从文件的哪个位置开始读取或写入数据。当一个文件被打开时，文件指针通常默认在文件的开头；当对文件进行读写操作时，文件指针会随着读写操作进行移动。使用tell()方法可直接获取文件指针的当前位置。

tell()方法的基本语法格式如下：

```
<变量>=file.tell()
```

其中，file表示打开的文件对象。

tell()方法会返回一个整数值，表示文件指针当前的位置（从文件开头计算的字节数）。

【例9-11】从键盘输入文件名，使用wrtielines()方法将列表classics的内容（列表classics=["红楼梦","西游记","水浒传","三国演义"]）写入指定的文件中。打开文件和将列表写入文件后，查看文件指针的位置。

程序代码如下；

```
fname=input("请输入要打开的文件名:")
classics=["红楼梦","西游记","水浒传","三国演义"]
file=open(fname,"w+",encoding='utf-8')
```

```
print(file.tell())
file.writelines(classics)          #将列表classics写入指定文件
print(file.tell())
file.close()
```

程序运行结果如下：

```
请输入要打开的文件名:book.txt
0
39
```

从运行结果可以看出，文件刚打开时，文件指针的位置为0（文件的开头）；将列表classics的内容写入文件后，文件指针的位置为39（距离文件开头的字节数为39）。

需要注意的是，以二进制模式打开文件时，tell()方法能够返回精确的字节数；以文本模式打开二进制文件时，tell()方法返回的值可能因编码不同而与字符数不一致。

9.4 CSV文件的操作

9.4.1 CSV文件概述

CSV（comma-separated values，逗号分隔值）文件是一种常见的文件类型，是纯文本文件，通常用于存储表格数据。

CSV文件的核心要素有表头（描述每列的含义，可以没有表头）、记录行（每一行代表一条记录，行尾用换行符“\n”分隔）、字段（每列的具体值）和分隔符（列和列之间的分隔符号，通常为逗号）。CSV文件示例如图9-8所示。

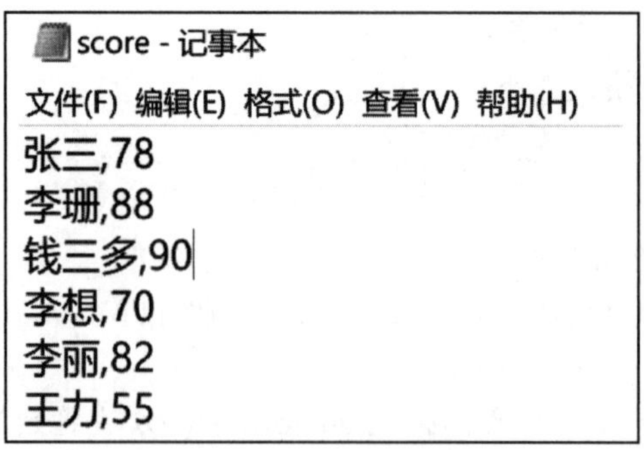

图9-8　CSV文件示例

9.4.2 CSV库及其使用方法

CSV库是Python自带的专门用于处理CSV文件的一个模块，其中的核心方法如表9-7所示。

表9-7 CSV库中的核心方法

方法 / 函数	功能
csv.reader()	创建 CSV 读取器对象（每行数据为列表）
csv.writer()	创建 CSV 写入器对象，支持 writerow() 单行写入及 writerows() 多行写入
csv.DictReader()	返回字典迭代器，首行作为键，后续行作为值
csv.DictWriter()	将字典数据写入 CSV 文件

【例9-12】将图9-8所示的score.csv文件中的数据读出，进行分数统计，并计算平均分、标准差和最高分。

分析：首先，将score.csv文件中的数据读出，可以使用CSV库中的reader()函数来实现；然后，将读取的数据以姓名为键，以分数为值添加至字典students中；最后，按照字典数据的处理方法完成分数统计。

程序代码如下：

```
import csv
students={}
with open('score.csv','r') as f:
    reader=csv.reader(f)
    for row in reader:
        if len(row)>=2:    #确保每行至少有2个值
            name,score=row[0],row[1]
            students[name]=int(score)
#检查是否有有效数据
if len(students)==0:
    print("文件中没有有效数据")
    exit(1)
#统计平均分
sum=0
for key in students:
    sum+=students[key]
aver=sum/len(students)
#统计标准差
sum=0
for key in students:
    sum+=(students[key]-aver)**2
dev=(sum/(len(students)-1))**0.5
high_score=max(students.values())
```

```
    print("平均分为:{:.2f}\n标准差为:{:.2f}\n最高分为:{}".
format(aver,dev,high_score))
```

程序运行结果如下：

```
平均分为:77.17
标准差为:13.03
最高分为:90
```

【例9-13】向score.csv文件中追加一条新记录：丁一,66。

程序代码如下：

```
import csv
newscore=["丁一",66]
with open('score.csv','a') as f:
    writer=csv.writer(f)
    writer.writerow(newscore)
```

程序运行结果如图9-9所示。

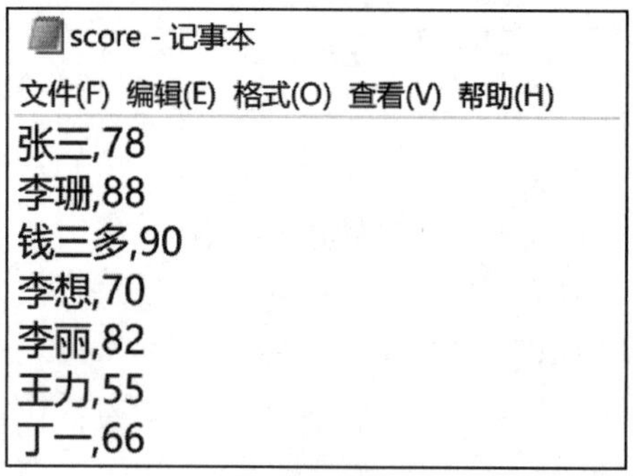
score - 记事本
文件(F) 编辑(E) 格式(O) 查看(V) 帮助(H)
张三,78
李珊,88
钱三多,90
李想,70
李丽,82
王力,55
丁一,66

图9-9　例9-13程序运行结果

9.5　文件综合应用实例

【例9-14】编程实现对某公司员工信息的简单管理，包括录入新员工信息（保存至employees.txt）、查询员工信息、显示所有员工信息等。员工信息包括工号、姓名、性别、年龄、电话和工资，其中每个员工的工号不同。

员工信息管理系统的设计思路如下。

① 对员工信息管理系统进行分析，设计员工信息管理系统的功能模块，如图9-10所示。

② 系统架构设计。员工信息管理系统的系统架构如图9-11所示。

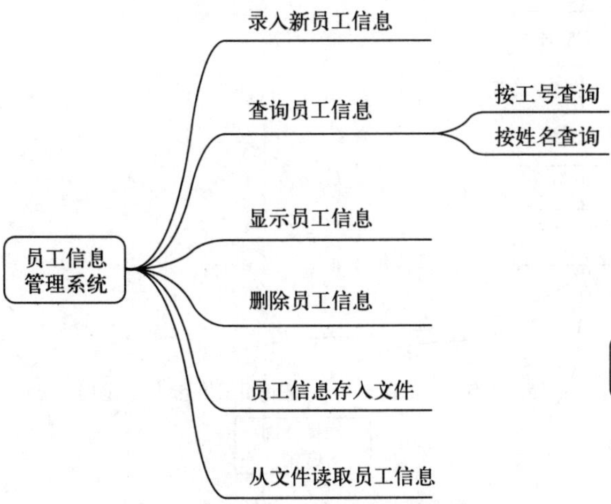

图9-10 员工信息管理系统的功能模块

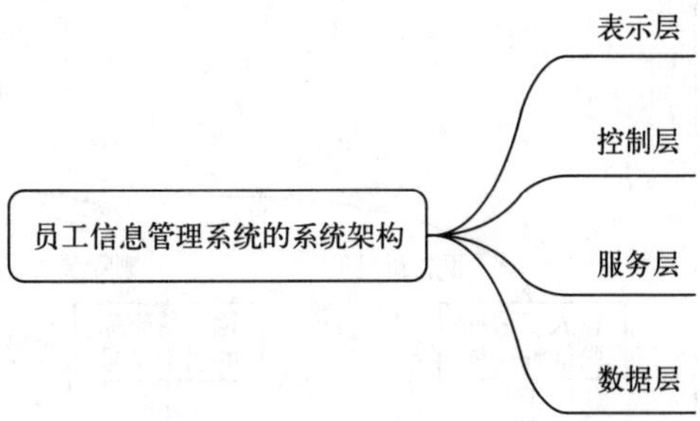

图9-11 员工信息管理系统的系统架构

a.表示层：用户交互界面，使用菜单控制，如表9-8所示。

表9-8 菜单选项及功能

菜单选项	功能
1	添加新员工
2	查询员工信息
3	显示所有员工信息
4	删除员工
5	退出系统

b.控制层：处理用户输入，调用服务层。
c.服务层：实现具体功能（如员工信息查询）。
d.数据层：存储和读取数据（本例中为文件的读写）。
③ 数据模型设计。数据模型设计又分为数据存储格式设计和员工信息设计。
文本文件employees.txt中的数据存储形式如下：

```
20051001,张三,男,28,13812345678,8500.0
20231002,李四,女,32,13987654321,9200.5
20181003,王五,男,25,13711223344,7800.0
```

员工信息设计为字典类型，包含工号（唯一标识）、姓名、性别、年龄、电话、工资。
④ 功能流程。员工信息管理系统的功能流程如图9-12所示。

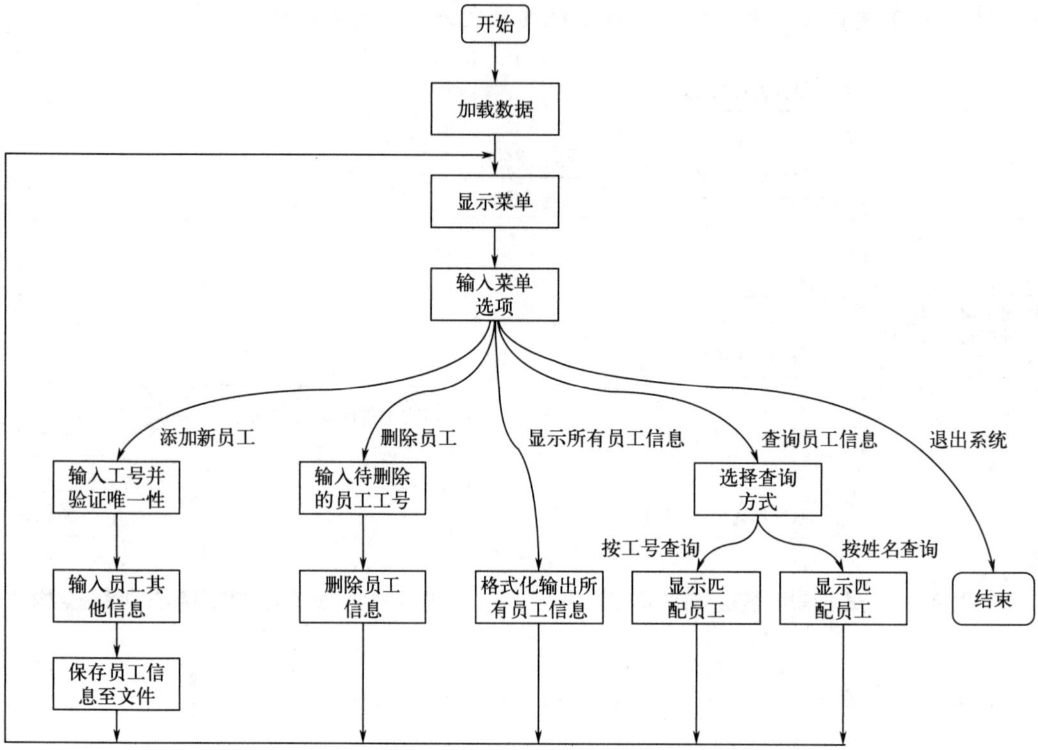

图9-12　员工信息管理系统的功能流程

程序代码如下：

```
EMPLOYEE_FILE="employees.txt"
def load_employees():        #从文件加载员工信息
    employees=[]
    with open(EMPLOYEE_FILE,'r',encoding='utf-8') as f:
    for line in f:
        emp_id,name,gender,age,phone,salary=line.strip().split(',')
        employees.append({
                        'emp_id':emp_id,
                        'name':name,
                        'gender':gender,
                        'age':int(age),
                        'phone':phone,
                        'salary':float(salary)
                    })
    return employees

def save_employees(employees):       #保存员工信息到文件

    with open(EMPLOYEE_FILE,'w',encoding='utf-8') as f:
```

```
        for emp in employees:
            f.write(emp['emp_id']+','+emp['name']+','+emp['gender']
+','+str(emp['age'])+','+emp['phone']+','+str(emp['salary'])+'\n')

def add_employee(employees):      #添加新员工
    print("\n--- 添加新员工 ---")
    while True:
        emp_id=input("请输入工号:")
        id_exists=False
        for emp in employees:      #遍历检查工号是否存在
            if emp['emp_id']==emp_id:
                id_exists=True
                break         #找到匹配项后立即退出循环
        if id_exists:
            print("该工号已存在，请重新输入！")
        else:
            break  #工号不存在，退出循环
    name=input("请输入姓名:")
    gender=input("请输入性别(男/女):")
    age=int(input("请输入年龄:"))
    phone=input("请输入电话:")
    salary=float(input("请输入工资:"))
    employees.append({
        'emp_id':emp_id,
        'name':name,
        'gender':gender,
        'age':age,
        'phone':phone,
        'salary':salary
    })
    save_employees(employees)
    print("员工信息添加成功！")

def query_employee(employees):    #查询员工信息
    print("\n--- 查询员工信息 ---")
    query_type=input("请选择查询方式:\n1. 按工号查询\n2. 按姓名查询\n请选
择(1/2):").strip()
    if query_type=='1':
        emp_id=input("请输入要查询的员工工号:")
        found=[emp for emp in employees if emp['emp_id']==emp_id]
```

```
    elif query_type=='2':
        name=input("请输入要查询的员工姓名：")
        found=[emp for emp in employees if emp['name']==name]
    else:
        print("无效的选择！")
        return
    if not found:
        print("未找到匹配的员工信息！")
    else:
        display_all_employees(found)

def delete_employee(employees):    #根据工号删除员工
    print("\n--- 删除员工 ---")
    emp_id=input("请输入要删除的员工工号：")
    for i,emp in enumerate(employees):
        if emp['emp_id']==emp_id:
            deleted_name=emp['name']
            del employees[i]
            save_employees(employees)
            print("员工",deleted_name,",工号：",emp_id,"已删除！")
            return
    print("未找到工号为：",emp_id,"的员工！")

def display_all_employees(employees):     #显示所有员工信息
    print("\n--- 所有员工信息 ---")
    if not employees:
        print("当前没有员工信息！")
        return

    print("-"*60)
    print("{:<7}".format('工号'),"{:<9}".format('姓名'),"{:<3}".
format('性别'),"{:<5}".format('年龄'),"{:<12}".format('电话'),"{:<10}".
format('工资'))
    print("-"*60)
    for emp in employees:
print("{emp_id:<10}{name:<10}{gender:<6}{age:<6}{phone:<15}
{salary:<10.2f}".format(
            emp_id=emp['emp_id'],
            name=emp['name'],
            gender=emp['gender'],
```

```
            age=emp['age'],
            phone=emp['phone'],
            salary=emp['salary']
            )
            )
    print("-"*60)
    print("总计:",len(employees),"名员工")

staff=load_employees()
while True:
    print("\n===员工信息管理系统===")
    print("1. 添加新员工")
    print("2. 查询员工信息")
    print("3. 显示所有员工信息")
    print("4. 删除员工")
    print("5. 退出系统")
    choice=input("请选择功能(1-5):")
    if choice=='1':
        add_employee(staff)
    elif choice=='2':
        query_employee(staff)
    elif choice=='3':
        display_all_employees(staff)
    elif choice=='4':
        delete_employee(staff)
    elif choice=='5':
        print("感谢使用员工信息管理系统，再见！")
        break
    else:
        print("无效的选择，请重新输入！")
        continue
```

【例9-15】读取文本文件B01_vib.txt中的B-01轴承振动样本数据，每行代表一个数据样本。通过自定义函数分别计算每个样本的振动峰值（最大值）与有效值（均方根值），将计算结果写入新的文本文件B01_result.txt。文本文件B01_vib.txt中的数据示例如下：

```
6.2  7.1  6.8  7.3
5.9  6.5  6.3  6.7
7.0  6.9  7.2  6.8
```

程序代码如下：

```
import math
#定义计算函数
def get_peak(vib_data):
    return max(vib_data)
def get_rms(vib_data):
    square_sum=0
    for num in vib_data:
        square_sum+=num**2                          #每个数据平方后累加
    avg_square=square_sum/len(vib_data)             #平方的平均值
    return round(math.sqrt(avg_square),2)           #开平方后保留2位小数
#读取所有振动样本数据
with open("b01_vib.txt",'r',encoding='utf-8') as f:
    all_lines=f.readlines()                     #所有样本行存到all_lines
result=""                                       #存储所有样本结果
#循环遍历每一行
for line in all_lines:
    line=line[:-1]                              #删除最后的换行符，避免数据错误
    vib_numbers=[float(x) for x in line.split()]        #转数值列表
    #计算特征
    peak=get_peak(vib_numbers)
    rms=get_rms(vib_numbers)
    #使用格式化字符串对齐结果
    result+=f"峰值:{peak:>5.2f} mm/s | 有效值:{rms:>5.2f} mm/s\n"
#保存并输出结果
with open("B01_result.txt",'w',encoding='utf-8') as f:
    f.write(result)
print("计算结果:")
print(result)
```

本章小结

本章系统构建了文件处理的知识体系，涵盖以下内容：文件的概念和基本信息；文件的操作流程，即文件的打开、文件的操作（读操作、写操作、指针操作）和文件的关闭；对CSV文件进行了简要介绍并通过实例展示了CSV库的使用方法及CSV文件的处理方法；通过一个员工信息管理系统展示了文件的综合应用。

习题 9

在线习题

编程题

1. 将data.txt文件中存储的信息读出，统计其中大写字母、小写字母、数字字符、空格和其他字符的个数并输出。其中，data.txt文件的内容由读者自行编辑。

2. 从键盘输入某班20个学生3门课程的成绩并将其写入score.txt或score.scv文件。

3. 从第2题中的score.txt或score.scv文件中读取学生信息，计算每个学生和每门课程的平均分并输出。

4. 从键盘输入某校长跑协会学生的信息，将其保存至RunningClub.txt文件中。其中，学生信息包括学号、姓名、性别、年龄和半马最佳成绩。

5. 编程实现对某小型超市的商品信息的简单管理，包括录入新商品信息（保存至Goods.txt）、查询商品信息、显示所有商品信息和删除商品信息。其中，商品信息包括商品编号、商品名称、商品类别、商品库存和商品价格，不同商品的商品编号不同。

第10章

Python 程序设计实践

本章主要内容

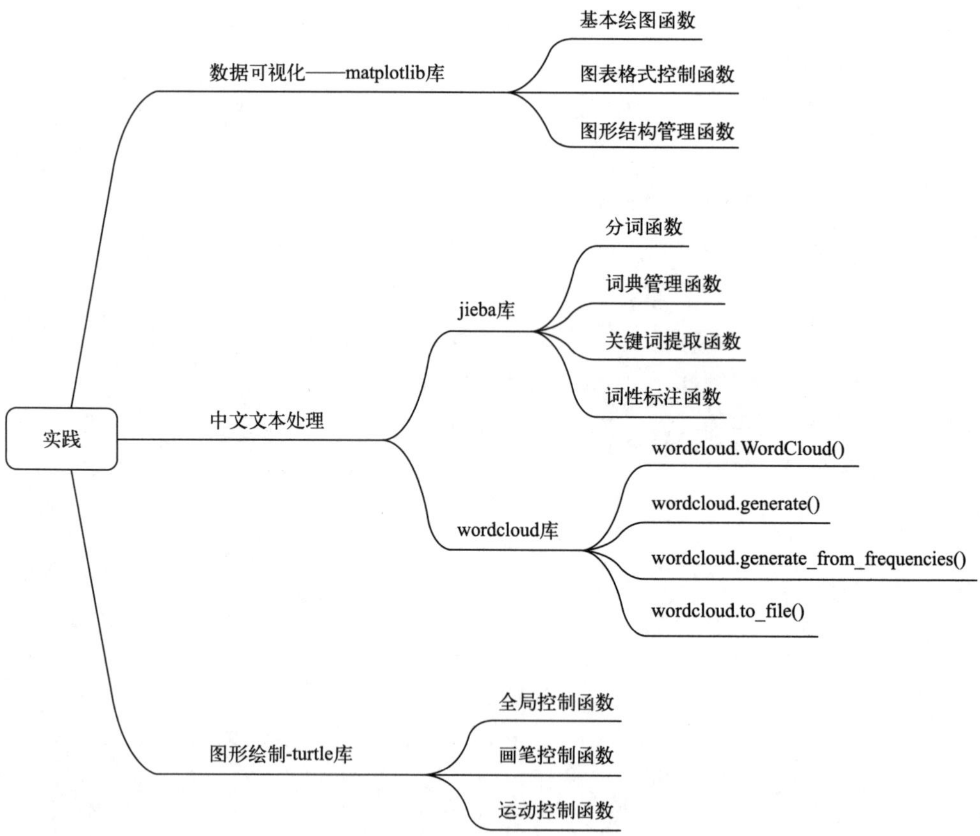

10.1 matplotlib库

matplotlib库是Python著名的数据可视化库之一，由John D. Hunter于2003年创建。matplotlib库提供了一个类似于MATLAB的绘图接口，可以生成各种静态、动态和交互式图表。

10.1.1 matplotlib库概述

matplotlib库是一个著名的2D绘图的第三方库，采用了经典的3层架构。其中，Backend Layer（后端层）负责渲染图形到设备或交互式环境，Artist Layer（艺术家层）负责管理所有可见的图形元素，Scripting Layer（脚本层）负责提供简易的交互式接口。

在开始使用matplotlib库之前，首先需要完成matplotlib库的安装。如果已经安装了Python 3.7及以上版本，可以直接选择用pip安装matplotlib库。

使用pip安装matplotlib库适用于所有操作系统（Windows/macOS/Linux等），其安装步骤如下。

第一步：打开命令终端。如果是Windows操作系统，则按Win+R组合键，在弹出的“运行”对话框中输入cmd，按Enter键，打开命令终端；如果是macOS操作系统，则在应用程序→实用工具中打开命令终端；如果是Linux操作系统，则按Ctrl+Alt+T组合键，打开命令终端。

第二步：输入安装命令“pip install matplotlib”。

第三步：输入命令“pip list”，查看模块列表，方便查看是否已经完成了matplotlib库的安装。

matplotlib库支持多种图表类型，基础图表如柱状图、散点图、折线图、饼图等，高级可视化图表如热力图、3D曲面等，以及直方图、等高线图等。Matplotlib库可根据用户需求对图表的颜色、线型、线宽、标签、标题等进行定制。matplotlib库支持PNG、SVG、PDF等多种格式输出。matplotlib库支持的图表类型丰富，高度可定制化，可与Numpy、Pandas等库无缝协作，支持多种格式输出，因此其成为极为重要的数据可视化工具，广泛应用于物理学、生物学、金融学等多个领域，是数据科学工作者的必备工具。

使用matplotlib库绘图时，通常遵循以下基本流程：准备数据；创建坐标轴和图形；绘制图形；添加标题、标签等；显示或保存图形。

pyplot 是 Matplotlib 库提供的面向用户的实现快速绘图的脚本化接口子模块，封装了底层对象操作，提供了类似MATLAB风格的快捷接口，采用面向过程的方法进行编程。pyplot模块提供了丰富的函数，包含基本绘图函数、图表格式控制函数和图形结构管理函数等。一般使用import matplotlib.pyplot as plt命令导入pyplot模块，下面对pyplot模块的函数进行简要介绍。

pyplot模块的基本绘图函数用于绘制不同类型的图表，如表10-1所示。

表10-1 pyplot模块的基本绘图函数

函数	功能
plt.bar()	绘制垂直柱状图，支持分组、堆叠、误差线
plt.barh()	绘制水平柱状图

续表

函数	功能
plt.boxplot()	绘制箱线图
plt.hist()	绘制直方图
plt.imshow()	绘制图像、热力图
plt.pie()	绘制饼图，展示比例构成
plt.plot()	绘制折线图，支持线型、颜色、标记点等定制
plt.scatter()	绘制散点图，支持多维数据、颜色、大小映射

pyplot模块的图表格式控制函数主要用于调整和美化图表元素，如表10-2所示。

表10-2 图表格式控制函数

函数	功能
plt.axis()	设置坐标轴范围
plt.grid()	显示网格线（可设置线型、透明度等）
plt.legend()	添加图例说明数据系列
plt.text()	在指定坐标位置添加自定义文本标注
plt.title()	设置图表标题
plt.xlable()/plt.ylable()	设置 x/y 轴坐标轴标签
plt.xticks()/plt.yticks()	设置 x/y 轴坐标轴刻度

pyplot模块的图形结构管理函数主要用于创建、组织和控制绘图区域的整体布局结构，如表10-3所示。

表10-3 图形结构管理函数

函数	功能
plt.alex()	在当前图形（Figure 对象）中创建一个新的坐标轴对象（Axes）
plt.close()	关闭图形
plt.figure()	创建新画布（Figure 对象），作为所有绘画元素的顶级容器，可以设置尺寸、分辨率等参数
plt.save()	保存图形
plt.show()	显示图形
plt.subplot()	在网格中创建单个子图（Axes 对象），按行列索引定位
plt.subplots()	一次性创建网格状子图组，返回 Figure 对象和 Axes 对象

续表

函数	功能
plt.subplots_adjust()	精细调整子图布局，控制子图与图形边缘的间距，调整子图之间的水平和垂直间隔
plt.subplot2grid()	创建非均匀布局的子图，指明子图的位置和大小
plt.tight_layout()	自动调整子图间距

10.1.2 matplotlib库绘图应用

在进行绘图实战前，首先介绍matplotlib库的Figure对象（Figure容器）和Axes对象（Axes容器）。

① Figure对象：表示整个绘图窗口（画布），承载了所有的可视化元素（如子图、标题、图例等），可以对图形尺寸、分辨率、背景等全局属性进行管理，可以控制图形的保存、显示等。创建Figure对象的方式有显式和隐式两种，如例10-1、例10-2均采用了显式方式创建Figure对象，调用方法为plt.figure()；例10-3的第一种代码解决方案采用的是隐式方式创建Figure对象。

② Axes对象：表示一个独立的绘图坐标系（绘图区域），包含坐标轴、数据图形及辅助元素（如标题、刻度）等。每个Axes对象仅属于一个 Figure对象，但一个Figure对象可包含多个Axes对象。Axes对象用于管理数据到屏幕坐标的转换，控制坐标轴、刻度、标签等的显示。Axes对象的创建方式有显式和隐式两种。例如，例10-3采用面向对象方式的程序代码中，Axes对象的创建采用了显式方式，调用方式为fig,ax=plt.subplots()，显式创建了Figure对象和Axes对象；例10-4中也显式创建了两个Axes对象ax1和ax2，调用方式为fig,(ax1, ax2)=plt.subplots(1, 2, figsize=(10, 5))。例10-1和例10-2中的Axes对象的创建为隐式方式。

Figure对象和Axes对象采用隐式创建时，pyplot模块（plt）会自动管理当前的Figure对象和Axes对象。例10-1中调用plt.plot()函数时，实际上是在当前活动的Axes对象上操作，等效于ax.plot()，可以完成快速绘图。但是，在复杂图表（如多子图场景）中，推荐使用显式方式创建Figure对象和Axes对象。

【例10-1】绘制正弦函数y=sin(x)的正弦函数曲线，x的取值范围为0～2π。

程序代码如下：

```
import matplotlib.pyplot as plt
plt.rcParams['font.sans-serif']=['SimHei']        #使用黑体
plt.rcParams['axes.unicode_minus']=False          #解决负号显示问题
import math
#生成正弦函数数据
def generate_sine_wave(start,end,num_points):
    x=[]
    y=[]
```

```
    step=(end-start)/num_points                #计算步长
    for i in range(num_points):
        current_x=start+i*step
        current_y=math.sin(current_x)          #计算sin(x)值
        x.append(current_x)
        y.append(current_y)
    return x,y
#生成0到2π之间的100个点
x_vals,y_vals=generate_sine_wave(0,2*math.pi,100)
# 绘制图形
plt.figure(figsize=(8,4))                      #显式创建Figure对象
plt.plot(x_vals,y_vals,color='blue',linewidth=2,label='sin(x)')
# 添加标注
plt.title("正弦波",fontsize=14)
plt.xlabel("x (弧度)",fontsize=12)
plt.ylabel("sin(x)",fontsize=12)
plt.grid(True,linestyle='--',alpha=0.6)
plt.legend()
plt.show()
```

程序运行结果如图10-1所示。

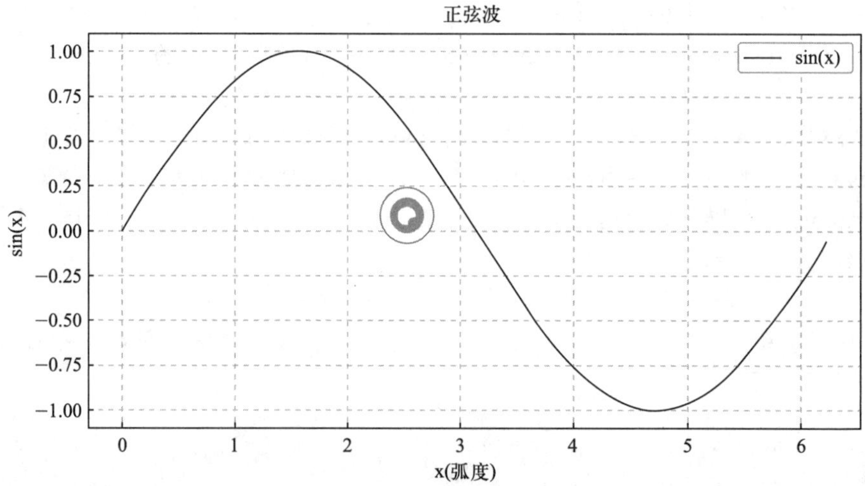

图10-1 例10-1程序运行结果

程序说明如下。

① plt.figure(figsize=(8, 4))：显式创建Figure对象。本例中，Axes对象是隐式创建的，没有显式创建，plt模块自动管理当前的Axes对象。

② plt.plot(x_vals, y_vals, color='blue', linewidth=2, label='sin(x)')：在绘制图表时，

是在当前活动的Axes对象上进行的。

【例10-2】绘制电压波形。电压值为交流分量叠加直流分量，直流分量的值为2V，交流分量的频率为50Hz，幅值为5V，绘制0～40ms的电压波形。

分析：要绘制电压波形，需要先生成电压值，可以利用numpy库进行数据处理，模拟生成1000个电压值。

程序代码如下：

```
import matplotlib.pyplot as plt
import numpy as np
plt.rcParams['font.sans-serif']=['SimHei']        #使用黑体
plt.rcParams['axes.unicode_minus']=False          #解决负号显示问题
#生成模拟电压数据(50Hz交流电+2V直流偏移)
t=np.linspace(0,40,1000)      #时间轴:0～40ms，1000个点
frequency=50                  #频率50Hz
V_AC=5*np.sin(2*np.pi*frequency*t/1000)   #交流分量(振幅5V)
V_DC=2                        #直流分量2V
V_total=V_AC+V_DC             #总电压
#绘制电压波形
plt.figure(figsize=(10,5))    #设置画布大小(宽10英寸，高5英寸,1英寸=2.54cm)
plt.plot(t,V_total,'b-',linewidth=2,label='电压 (AC+DC)')
#添加关键点标记(峰值)
peak_indices=np.where(V_total == np.max(V_total))    #找到峰值点
plt.scatter(t[peak_indices],V_total[peak_indices],c='red',s=50,
            label=f'峰值:{np.max(V_total):.2f}V')
#添加工程标注
plt.axhline(y=V_DC,color='green',linestyle='--',label='直流分量 (2V)')
#直流基准线
plt.text(35,V_DC+0.3,'直流分量',color='green')            #文字标注
#设置坐标轴和标题
plt.title("交流电叠加直流分量 (50Hz)",fontsize=14)
plt.xlabel("时间 (ms)",fontsize=12)
plt.ylabel("电压(V)",fontsize=12)
plt.grid(True,linestyle=':',alpha=0.7)        #网格线(虚线，半透明)
#自定义刻度(显示关键时间点)
plt.xticks(np.arange(0,41,5))
plt.yticks(np.arange(-3,8,1))
#添加图例和注释
plt.legend(loc='upper right')
plt.annotate('最大电压',xy=(t[peak_indices][0],np.max(V_total)),
             xytext=(15,6),arrowprops=dict(arrowstyle='->'))
```

```
    plt.tight_layout()
    plt.show()
```

程序运行结果如图10-2所示。

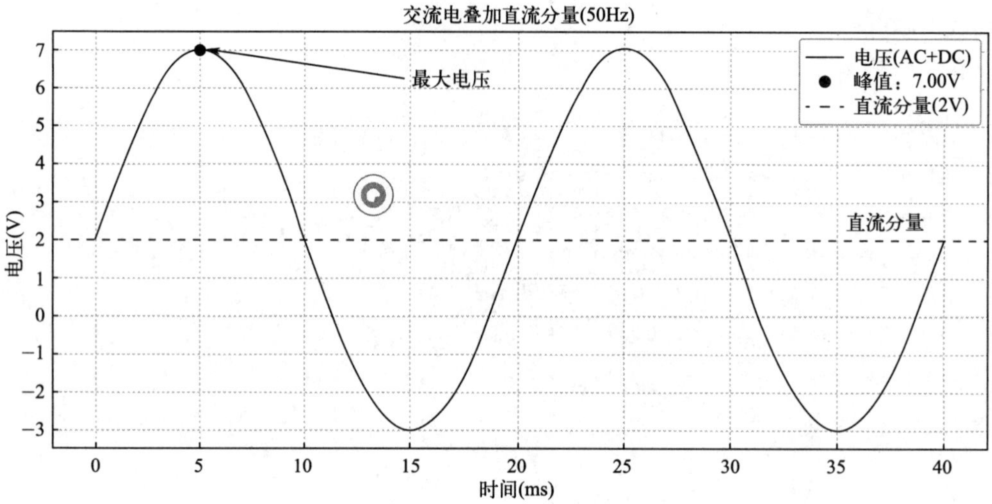

图10-2　例10-2程序运行结果

程序说明：numpy库是Python中用于科学计算的重要库，能够提供高性能的多维数组对象和数组操作。本例中主要用到了numpy库中的linspace()、sin()、max()和where()函数，具体介绍如下。

① np.linspace(0,40,1000)函数：生成0～40等距分布的1000个值，以数组形式输出。

② np.sin(2*np.pi*frequency*t/1000)函数：计算数组t中每个元素的正弦值，参数的单位为弧度。

③ np.max(V_total)函数：计算数组V_total中的最大值。

④ np.where(V_total==np.max(V_total))函数：获得数组V_total中最大值所在的位置（索引）。

【例10-3】已知某小组4名学生的成绩如表10-4所示，试根据表10-4中的数据编写代码，绘制成绩柱状图。

表10-4　某小组4名学生的成绩表

姓名（Name）	数学（Math）	物理（Physics）	英语（English）
李丽	86	60	85
丁一	74	63	72

续表

姓名（Name）	数学（Math）	物理（Physics）	英语（English）
张建	82	87	85
赵宏	92	87	85

程序代码如下：

```
import matplotlib.pyplot as plt

plt.rcParams['font.sans-serif']=['SimHei']        #使用黑体
plt.rcParams['axes.unicode_minus']=False          #解决负号显示问题
#学生姓名和成绩数据
names=['李丽','丁一','张建','赵宏']
math_scores=[86,74,82,92]
physics_scores=[60,63,87,87]
english_scores=[85,72,85,85]
#设置柱状图宽度和位置
bar_width=0.15
index=range(len(names))  #位置索引 [0,1,2,3]
#绘制成绩柱状图
plt.bar(index,math_scores,width=bar_width,label='数学')
plt.bar([i+bar_width for i in index],physics_scores,width=bar_
width,label='物理')
plt.bar([i+2*bar_width for i in index],english_scores,width=bar_
width,label='英语')
#设置图表标签和标题
plt.xlabel('学生姓名')
plt.ylabel('分数')
plt.title('学生分数柱状图')
#设置x轴刻度和标签(居中显示)
plt.xticks([i+bar_width for i in index],names)
#显示图例和网格线
plt.legend()
plt.grid(axis='y',linestyle='--',alpha=0.6)
#自动调整布局并显示
plt.tight_layout()
plt.show()
```

程序运行结果如图10-3所示。

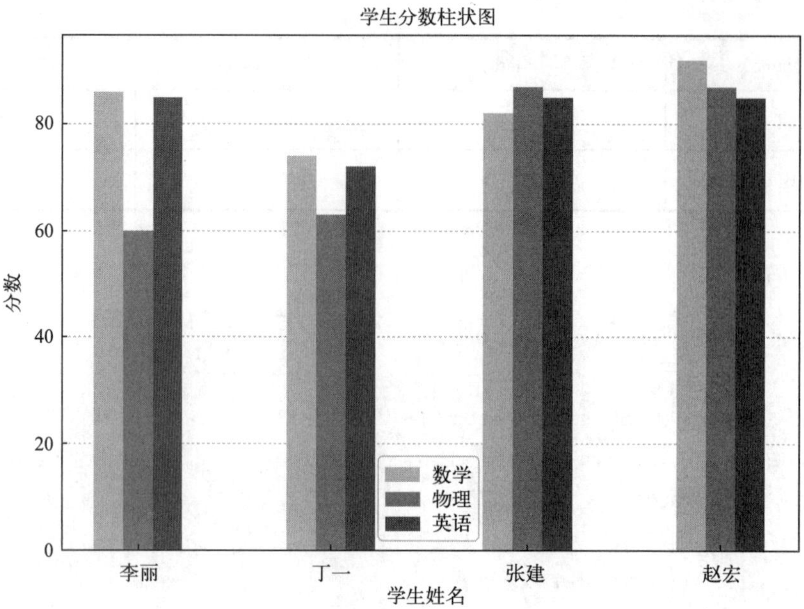

图10-3　例10-3程序运行结果

在使用matplotlib库进行绘图时，也可以采用面向对象方式进行程序设计。下面对例10-3采用面向对象方式进行程序设计。

例10-3采用面向对象方式的程序代码如下：

```
import matplotlib.pyplot as plt
plt.rcParams['font.sans-serif']=['SimHei']        #使用黑体
plt.rcParams['axes.unicode_minus']=False          #解决负号显示问题
#学生姓名和成绩数据
names=['李丽','丁一','张建','赵宏']
math_scores=[86,74,82,92]
physics_scores=[60,63,87,87]
english_scores=[85,72,85,85]
fig,ax=plt.subplots()                   #显示创建Figure对象fig和Axes对象ax
bar_width=0.1                           #设置柱状图宽度
index=range(len(names))                 #生成柱状图的位置索引(0,1,2,3)
#绘制成绩柱状图
ax.bar(index,math_scores,bar_width,label='数学')
ax.bar([i+bar_width for i in index],physics_scores,bar_width,label='
物理')
ax.bar([i+2*bar_width for i in index],english_scores,bar_
width,label='英语')
#设置图表标签和标题
ax.set_xlabel('学生姓名')
```

```
ax.set_ylabel('分数')
ax.set_title('学生分数柱状图 ')
#设置x轴刻度和标签(居中显示)
ax.set_xticks([i+bar_width for i in index])
ax.set_xticklabels(names)
ax.legend()                        #显示图例
plt.show()
```

程序说明如下。

① fig, ax=plt.subplots()：显式创建一个图形窗口，返回Figure对象fig(整个画布)和Axes对象(坐标轴)ax。

② ax.bar(index, math_scores, bar_width, label='Math')：采用面向对象方式编程，利用Axes对象的bar()方法绘制垂直柱状图。其中，index表示x轴的位置(本例中为0，1，2，3)；math_scores为y轴的值(各个学生的数学成绩)；bar_width是柱状图的宽度；label是标签，需要配合legend()方法使用。

【例10-4】某班30个学生的Python考试成绩分布如表10-5所示，根据表10-5的数据编写Python代码，同时绘制Python成绩分布的饼图和柱状图。

表10-5 Python考试成绩分布

分数区间	学生数
≥90	6
[80,90)	10
[70,80)	8
[60,70)	5
<60	1

程序代码如下：

```
import matplotlib.pyplot as plt
plt.rcParams['font.sans-serif']=['SimHei']        #使用黑体
plt.rcParams['axes.unicode_minus']=False          #解决负号显示问题
#数据定义
labels =['>=90','[80,90)','[70,80)','[60,70)','<60']
nums =[6,10,8,5,1]  #各分数段人数
colors =['yellow','orange','green','blue','purple']
explode =(0.1,0,0,0,0)                            #突出显示>=90分数段
fig,(ax1,ax2) =plt.subplots(1,2,figsize=(10,5))#创建图形和子图(1行2列)
#绘制饼图(左侧)
```

```
ax1.pie(nums,explode=explode,labels=labels,colors=colors,
        autopct='%1.1f%%',shadow=False,startangle=140)
ax1.set_title('分数分布饼图')
ax1.axis('equal')                                          #保证饼图是圆形
#绘制柱状图(右侧)
bar_width=0.35
ax2.bar(labels,nums,bar_width,color=colors)
ax2.set_title('Python成绩分析')
ax2.set_xlabel('分数范围')
ax2.set_ylabel('学生数量')
#调整布局并显示
plt.tight_layout()
plt.show()
```

程序运行结果如图10-4所示。

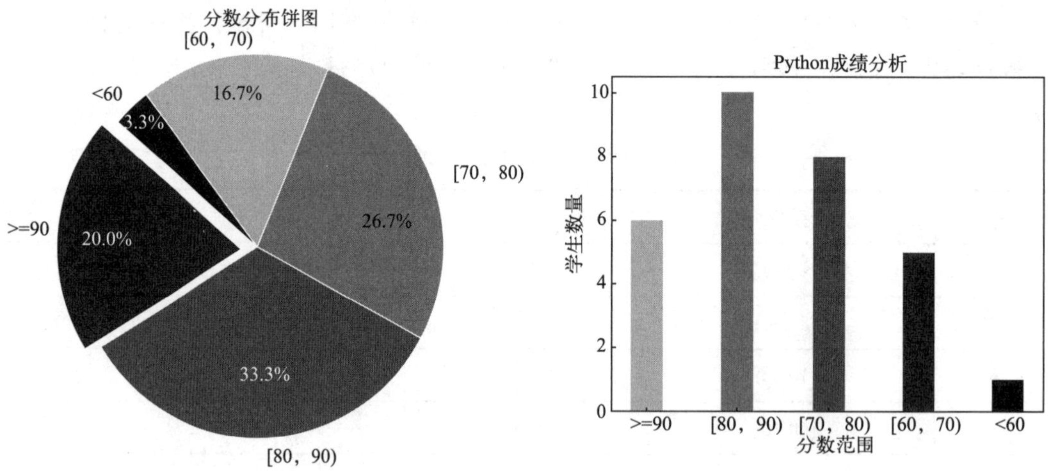

图10-4　例10-4程序运行结果

10.2　中文文本处理——jieba库和wordcloud库

中文文本处理是自然语言处理（NLP）针对中文语言特性发展出的专门领域。由于中文在书写形式、语法结构和语义表达上的独特性（包括缺乏显式分词边界、词语存在高度多义性以及依赖上下文的语境理解需求），因此中文文本处理成为连接计算机技术与中文信息处理的关键桥梁。中文文本处理已广泛应用于搜索引擎优化、智能客服系统构建、医疗文本分析以及学术研究支持等多个重要领域。

10.2.1 jieba库

jieba是Python生态中最成熟的中文分词库，由开源社区开发，支持精确模式（默认）、全模式和搜索引擎模式3种分词方式，并具备关键词提取、词性标注、添加新词等扩展功能。jieba库是一个第三方库，在使用前需要先安装。其安装方法可以参考matplotlib库的安装方法，安装命令为pip install jieba。

10.2.1.1 jieba库的3种分词模式

中文分词是将连续的中文文本切分成一个个有意义的词语的过程。jieba库中提供了3种分词模式：精确模式、全模式和搜索引擎模式。

① 精确模式：最常用的分词模式，可以精确地对文本进行切分，不会产生冗余词语，适合于文本分析等场景。

② 全模式：扫描文本中所有可能的词语，存在大量的冗余词语，不考虑语义合理性。其适用场景如搜索引擎索引构建、模糊匹配系统、领域新词发现等。

③ 搜索引擎模式：在精确模式的基础上，对长词进行再次切分。其适用场景如搜索引擎应用、问答系统等。

10.2.1.2 jieba库的常用函数

jieba库的常用函数有基础分词函数、词典管理函数、关键词提取函数和词性标注函数。

（1）基础分词函数

基础分词函数如表10-6所示。

表10-6 基础分词函数

函数	功能
jieba.cut(s,cut_all=False)	通用分词函数
jieba.cut_for_search(s)	搜索引擎分词模式，适合使用搜索引擎建立索引的分词结果
jieba.lcut_for_search(s)	搜索引擎分词模式，返回列表，适合使用搜索引擎建立索引的分词结果
jieba.lcut(s,cut_all=False)	返回列表的分词函数

① jieba.cut(s,cut_all=False)函数。

a. s：需要分词的字符串（中文文本）。

b. cut_all：控制是否采用全模式分词，默认值为False。若不给定cut_all参数，则cut_all采用默认值False，分词为精确模式；当cut_all参数为True时，则采用全模式分词，输出文本中所有可能的词语。

② jieba.lcut(s,cut_all=False)函数。该函数的功能和jieba.cut(s,cut_all=False)函数相同，但其分词结果以列表形式返回。

a. s：需要分词的字符串（中文文本）。

b. cut_all：控制是否采用全模式分词，默认值为False。若不给定cut_all参数，则cut_all采用默认值False，分词为精确模式；当cut_all参数为True时，则采用全模式分词，输出文本中所有可能的词语。

③ jieba.cut_for_search(s) 函数。

搜索引擎分词模式，分词特点是精确模式分词加长词再切分，适用场景为搜索引擎及全文检索。

s：需要分词的字符串（中文文本）。

④ jieba.lcut_for_search(s) 函数。

功能同jieba.cut_for_search(s) 函数，分词结果以列表形式返回。

s：需要分词的字符串（中文文本）。

【例 10-5】 不同分词模式对比。

程序代码如下：

```
import jieba
text="学习如同逆水行舟，只有保持每天进步的心态，才能在知识海洋中积累改变命运的力量。"
exact_words=jieba.lcut(text)
print("\n精确模式分词结果：")
print(exact_words)
full_words=jieba.lcut(text,cut_all=True)
print("\n全模式分词结果：")
print(full_words)
search_words=jieba.lcut_for_search(text)
print("\n搜索引擎模式分词结果：")
print(search_words)
```

程序运行结果如图 10-5 所示。

```
精确模式分词结果：
['学习', '如同', '逆水行舟', '，', '只有', '保持', '每天', '进步', '的', '心态',
'，', '才能', '在', '知识', '海洋', '中', '积累', '改变命运', '的', '力量', '。
']

全模式分词结果：
['学习', '如同', '逆水', '逆水行舟', '行舟', '，', '只有', '保持', '每天', '进步
', '的', '心态', '，', '才能', '在', '知识', '海洋', '洋中', '积累', '改变', '改
变命运', '命运', '的', '力量', '。']

搜索引擎模式分词结果：
['学习', '如同', '逆水', '行舟', '逆水行舟', '，', '只有', '保持', '每天', '进步
', '的', '心态', '，', '才能', '在', '知识', '海洋', '中', '积累', '改变', '命运
', '改变命运', '的', '力量', '。']
```

图10-5　例10-5程序运行结果

（2）词典管理函数

词典管理函数如表 10-7 所示。

表10-7 词典管理函数

函数	功能
jieba.load_userdict(f，encoding='utf-8')	加载自定义词典，提高特定领域的分词准确率
jieba.add_word(word, freq=None, tag=None)	在词典中加入新词 word
jieba.del_word(word)	从词典中删除旧词 word

① jieba.load_userdict(f,encoding='utf-8') 函数。

a. f：词典文件名。

b. encoding：文件编码格式，默认值为utf-8。

② jieba.add_word(word, freq=None, tag=None) 函数。

a. word：要添加的词语。

b. freq：词频（可选，默认值为None）。

c. tag：词性（可选，默认值为None）。

③ jieba.del_word(word) 函数。

用于动态删除词典中的词语。

word：要从词典中删除的词语。

【例10-6】向词典中添加新词。

程序代码如下：

```
import jieba
text="学习如同逆水行舟，只有保持每天进步的心态，才能在知识海洋中积累改变命运的力量。"
exact_words=jieba.lcut(text)
print("\n精确模式分词结果:")
print(exact_words)
jieba.add_word("知识海洋")
optimized_words=jieba.lcut(text)
print("\n添加自定义新词后的精确模式:")
print(optimized_words)
```

程序运行结果如图10-6所示，可以看出添加新词后的分词变化情况。

```
精确模式分词结果:
['学习', '如同', '逆水行舟', '，', '只有', '保持', '每天', '进步', '的', '心态', '，', '才能', '在', '知识', '海洋', '中', '积累', '改变命运', '的', '力量', '。']

添加自定义新词后的精确模式:
['学习', '如同', '逆水行舟', '，', '只有', '保持', '每天', '进步', '的', '心态', '，', '才能', '在', '知识海洋', '中', '积累', '改变命运', '的', '力量', '。']
```

图10-6 例10-6程序运行结果

（3）关键词提取函数

关键词提取函数如表10-8所示。

表10-8　关键词提取函数

函数	功能
jieba.analyse.extract_tags(s,topK=20,withWeight=False, allowPOS=(),withFlag=False)	基于 TF-IDF 算法提取关键词
jieba.analyse.textrank(s,topK=20,withWeight=False, allowPOS=('ns', 'n', 'vn', 'v'),withFlag=False)	基于 TextRank 算法提取关键词

① jieba.analyse.extract_tags(s,topK=20,withWeight=False, allowPOS=(),withFlag=False)。

基于TF-IDF算法提取关键词。

a. s：待提取关键词的文本。

b. topK：返回关键词的数量（按权重从高到低排列），默认值为20。

c. withWeight：是否返回关键词的权重值，默认值为False（不返回关键词的权重值）。

d. allowPOS：用于词性过滤的参数，允许用户提取特定词性的关键参数，默认为不过滤词性。

e. withFlag：用于返回关键词的同时返回其词性标记，默认为不返回词性标记。

② jieba.analyse.textrank()。

该函数是基于TextRank算法提取关键词，其参数除了allowPOS参数其余参数和jieba.analyse.extract_tags()函数的参数相同。allowPOS参数说明如下：

allowPOS：用于词性过滤的参数，允许用户提取特定词性的关键参数，默认提取地名、名词、动名词和动词。

关键词是在一段文本、文章中具有代表性、出现频率高或信息量较大的词汇，获取关键词能够帮助读者快速理解文本/文章的核心内容。

【例10-7】关键词提取。对一段AI算法的摘要提取6个关键词。

程序代码如下：

```
import jieba.analyse
text='人工智能算法的快速发展引发了其对社会影响的深刻思考。本文从技术伦理视角出发，批判性分析了推荐系统、生成式AI等算法在信息茧房、版权争议和就业替代等方面引发的社会问题。通过对比不同国家的算法治理框架，揭示了算法透明度、公平性评估和问责机制的设计难点，提出将人类价值观嵌入算法设计的"对齐技术"，并探讨了因果推理、具身智能等方向在构建负责任AI中的潜力。研究表明，人工智能算法的进步必须与技术伦理、法律规范协同演进，方能实现科技向善的终极目标。'
key_words=jieba.analyse.extract_tags(text,topK=6)
print("\n基于TF-IDF算法提取的关键词:")
for word in key_words:
    print(word,end=" ")
```

程序运行结果如下：

```
基于TF-IDF算法提取的关键词：
算法 AI 人工智能 伦理 技术 生成式
```

从提取的结果来看，有些专业术语如“生成式AI”没有被提取为关键词，故需要用户在提取关键词前先将专业术语添加至词典。

改进的程序代码如下：

```
import jieba.analyse
text='人工智能算法的快速发展引发了其对社会影响的深刻思考。本文从技术伦理视角出发，批判性分析了推荐系统、生成式AI等算法在信息茧房、版权争议和就业替代等方面引发的社会问题。通过对比不同国家的算法治理框架，揭示了算法透明度、公平性评估和问责机制的设计难点，提出将人类价值观嵌入算法设计的"对齐技术"，并探讨了因果推理、具身智能等方向在构建负责任AI中的潜力。研究表明，人工智能算法的进步必须与技术伦理、法律规范协同演进，方能实现科技向善的终极目标。'
jieba.add_word("生成式AI",freq=2000,tag='n')
jieba.add_word("对齐技术",freq=2000,tag='n')
jieba.add_word("具身智能",freq=2000,tag='n')
kwds_TF_IDF=jieba.analyse.extract_tags(text,topK=6,allowPOS=('n','vn','l'))
print("\n基于TF-IDF算法提取的关键词：")
for word in kwds_TF_IDF:
    print(word,end=" ")
```

程序运行结果如下：

```
基于TF-IDF算法提取的关键词：
算法 人工智能 生成式AI 茧房 问责 对齐技术
```

（4）词性标注函数

中文文本分析中的词性分析是通过标注词汇的语法类别（如名词、动词、形容词等），揭示语言结构规律的关键技术。词性分析的核心作用是语义理解（一词多义）、句法解析（确定主谓宾关系）、信息抽取（识别实体、情感词）以及机器翻译（调整语序）。词性标注函数如表10-9所示。

表10-9 词性标注函数

函数	功能
jieba.posseg.cut(s, cut_all=False)	在分词的同时标注词性

jieba.posseg.cut(s, cut_all=False) 函数是在分词的同时标注词性，其参数的使用方法和 jieba.cut(s,cut_all=False) 中参数的使用方法相同。jieba.posseg.cut(s) 函数中常用的词性标签如表 10-10 所示。

表10-10　jieba.posseg.cut(s)函数中常用的词性标签

词性标签	说明	词性标签	说明
n	普通名词	a	形容词
nr	人名	d	副词
ns	地名	r	代词
nt	机构团体名	p	介词体名
v	动词	c	连词
vn	名动词	l	惯用语

【例 10-8】词性标注。

程序代码如下：

```
import jieba.posseg as pseg  #导入jieba分词库的词性标注模块，并简写为pseg
text="人工智能是指通过算法使机器模拟人类智能行为的技术与系统。"
#对文本进行词性标注分词，返回一个包含（词语，词性）的元组
words=pseg.cut(text)
print("基础标注")
for word,flag in words:#遍历分词结果，逐个输出词语及其词性标签
    print("{}({})".format(word,flag),end=" ")
```

程序运行结果如下：

```
人工智能(n) 是(v) 指(n) 通过(p) 算法(n) 使(v) 机器(n) 模拟(v) 人类(n) 智能(n) 行为(v) 的(uj) 技术(n) 与(p) 系统(n) 。(x)
```

10.2.2 wordcloud 库

词云（word cloud）是一种将文本中的关键词按频率或重要性进行视觉化展示的图形工具，高频词会以更大、更醒目的字体或颜色呈现，低频词则与高频词相反。词云的核心作用是通过直观的布局帮助人们快速捕捉文本的核心主题或高频信息，常用于文本摘要分析、数据探索、舆情监控、报告展示等场景。词云虽直观，但无法体现词语间的逻辑关系，其操作简单、视觉冲击力强，是文本可视化的入门利器。

wordcloud 是 Python 的一个第三方库，主要功能是基于词频生成词云图。wordcloud 库能够将文本数据中的高频词汇以不同大小、颜色和样式进行可视化展示，使重要词汇更加突

出，便于快速理解文本主题。

由于wordcloud库是一个第三方库，因此在使用前需要先安装。其安装方法可以参考matplotlib库的安装方法，安装命令为pip install wordcloud。另外，绘制词云时，还必须安装matplotlib库用于显示和保存词云图像；处理中文文本时需要额外安装jieba库；如果要自定义形状展示词云，则需要安装pillow库。

wordcloud库中的主要函数如表10-11所示。

表10-11 wordcloud库中的主要函数

函数	功能
wordcloud.WordCloud()	创建和配置词云对象
wordcloud.generate(text)	从文本text生成词云（英文可直接使用，中文需要先分词）
wordcloud.generate_from_frequencies(word_freq)	从词频字典生成词云
wordcloud.to_file(filename)	将词云保存为图片文件

【例10-9】使用wordcloud库绘制英文文本词云。

程序代码如下：

```
from wordcloud import WordCloud
import matplotlib.pyplot as plt
text="""
Python is a versatile,high-level programming language known for its simplicity and readability. With clear syntax and dynamic typing,it's great for beginners yet powerful for complex applications. Its rich ecosystem supports web development,data science,AI,and automation. Python's cross-platform nature and vast libraries make it one of the world's most popular languages."""
#生成词云对象
wordcloud=WordCloud(
    width=800,          #宽度
    height=400,         #高度
    background_color="white",#背景色
    max_words=20            #最多显示20个词
).generate(text)
#显示词云
plt.figure(figsize=(10,5))
plt.imshow(wordcloud,interpolation="bilinear")
```

```
plt.axis("off")  #隐藏坐标轴
plt.show()
```

程序运行结果如图10-7所示。

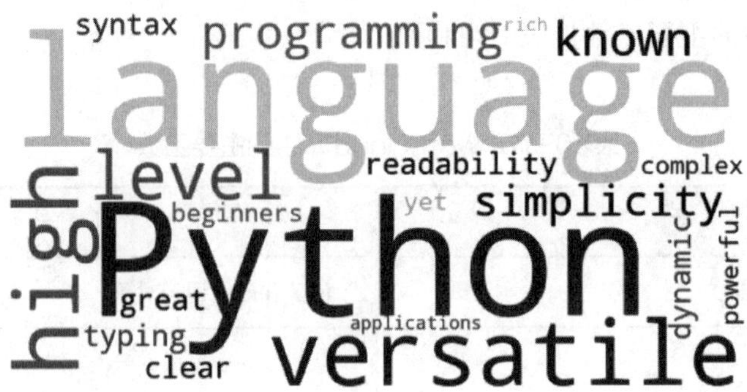

图10-7　例10-9程序运行结果

10.2.3　中文文本处理应用

中文文本处理是人工智能时代的核心基础技术之一，其通过分词、语义分析等手段，将海量非结构化的中文信息转换为可计算的数据，为智能搜索、舆情分析、机器翻译、金融预测等应用提供支撑，是推动中文数字化生态发展的关键技术。

【例10-10】中文词频统计。要求从键盘输入中文文件名（文本文件），对文件中的词语出现频率进行统计，并输出词频排名前10的词语。本例以《红楼梦》为例进行词频统计。

程序代码如下：

```
import jieba

#从文件读取文本内容
file_path=input("请输入要分析的文本文件(例如:article.txt):")
try:
    with open(file_path,'r',encoding='utf-8') as file:
        text=file.read()
except FileNotFoundError:
    print(f"错误:文件 {file_path} 未找到，请检查文件路径")
    exit()
except Exception as e:
    print(f"读取文件时出错:{e}")
    exit()
words=jieba.lcut(text)         #中文分词处理
```

```
#词频统计
word_counts={}
for word in words:
    if (len(word)>1) and word.strip():#过滤条件：长度大于1、不是空格或换行符
        word_counts[word]=word_counts.get(word,0)+1
print("\n===中文词频统计结果===")
print("总词语数(去重后):{}".format(len(word_counts)))
#按词频排序并输出词频前10的词语
sorted_words=sorted(word_counts.items(),key=lambda
x:x[1],reverse=True)
print("\n高频词语Top 10:")
for i in range(min(10,len(sorted_words))): #防止列表不足10个元素时报错
    word,count=sorted_words[i]
    print("{} {}".format(word,count))
```

程序运行结果如下：

```
请输入要分析的文本文件(例如:article.txt):红楼梦.txt
===中文词频统计结果===
总词语数(去重后):41498

高频词语Top 10:
宝玉 3654
什么 1573
一个 1393
我们 1193
贾母 1190
那里 1149
凤姐 1088
王夫人 1003
你们 988
如今 980
```

从统计结果看，统计出来的高频词如“什么”“一个”等并不能充分反映文本内容，在统计时可以考虑将这些无意义的词语删除；同时，需要考虑词语的合并，如贾母、老太太、老祖宗和祖母都是贾母。下面从删除无效词语和合并贾母称呼两个方面对程序代码进行改进。

修改后的程序代码如下：

```
import jieba
#停用词表(不计入统计的常见词语)
stopwords={"的","是","了","在","和","就","都","而","及","与",
```

```
        "这","那","你","我","他","她","它","我们","你们","他们",
        "一个","一些","一种","今天","如何","非常","之一","重要",
        "有","也","为","要","对","中","后","可以","没有","不","说道",
        "知道","那里","这里","如今","什么","起来","出来","姑娘"}
#添加自定义词语和同义词映射
jieba.add_word("老太太",tag='n')
jieba.add_word("老祖宗",tag='n')
#同义词映射表
synonyms={"老太太":"贾母","老祖宗":"贾母","祖母":"贾母"}
#从文件读取文本内容
file_path=input("请输入要分析的文本文件(例如:article.txt):")
try:
    with open(file_path,'r',encoding='utf-8') as file:
        text=file.read()
except FileNotFoundError:
    print(f"错误:文件 {file_path} 未找到，请检查文件路径")
    exit()
except Exception as e:
    print(f"读取文件时出错:{e}")
    exit()
words=jieba.lcut(text)
#词频统计
word_counts={}
for word in words:
    #过滤条件:不是停用词、长度大于1、不是空格或换行符
    if (word not in stopwords) and (len(word)>1) and word.strip():
        n_word=synonyms.get(word,word)
        word_counts[n_word]=word_counts.get(n_word,0)+1
#输出统计结果
print("\n===中文词频统计结果===")
print(f"总词语数(去重后):{len(word_counts)}")
sorted_words=sorted(word_counts.items(),key=lambda
x:x[1],reverse=True)
print("\n高频词语Top 10:")
for i in range(min(10,len(sorted_words))): #防止列表不足10个元素时报错
    word,count=sorted_words[i]
    print(f"{word}:{count}")
```

程序运行结果如下:

```
===中文词频统计结果===
```

```
总词语数(去重后):41474

高频词语Top 10:
宝玉:3654
贾母:2226
凤姐:1088
王夫人:1003
众人:829
太太:818
一面:817
自己:816
只见:777
怎么:768
```

根据修改后程序的运行结果可以看出，一些无意义的词语已经被删除，同时贾母、老太太、老祖宗等都是指贾母，对词语进行了合并。

【例10-11】中文词云绘制。运用wordcloud库为《红楼梦》中的高频词汇绘制词云。通过绘制的《红楼梦》词云，读者可以非常直观地把握名著《红楼梦》的高频信息。

程序代码如下：

```
import jieba
from wordcloud import WordCloud
import matplotlib.pyplot as plt
#停用词表(不计入统计的常见词语)
stopwords={
    "的","是","了","在","和","就","都","而","及","与",
    "这","那","你","我","他","她","它","我们","你们","他们",
    "一个","一些","一种","今天","如何","非常","之一","重要",
    "有","也","为","要","对","中","后","可以","没有","不","说道",
    "知道","那里","这里","如今","什么","起来","出来"
}
#添加自定义词语和同义词映射
jieba.add_word("老太太",tag='n')
jieba.add_word("老祖宗",tag='n')
#同义词映射表(将不同表达映射到统一词语)
synonyms={"老太太":"贾母","老祖宗":"贾母","祖母":"贾母"}
#从文件读取文本内容
file_path=input("请输入要绘制词云的文本文件(例如:article.txt):")
try:
    with open(file_path,'r',encoding='utf-8') as file:
```

```
            text=file.read()
    except FileNotFoundError:
        print(f"错误:文件 {file_path} 未找到,请检查文件路径")
        exit()
    except Exception as e:
        print(f"读取文件时出错:{e}")
        exit()
    words=jieba.lcut(text)
    #词频统计
    word_counts={}
    for word in words:
        #过滤条件:不是停用词、长度大于1、不是空格或换行符
        if (word not in stopwords) and (len(word)>1) and word.strip():
            #检查是否是同义词,如果是则转换为统一词语
            n_word=synonyms.get(word,word)
            #使用字典的get()方法实现计数
            word_counts[n_word]=word_counts.get(n_word,0)+1
    #按词频排序
    sorted_words=sorted(word_counts.items(),key=lambda x:x[1],
reverse=True)
    #准备词云数据(取前60个词)
    top60_words=dict(sorted_words[:60])
    #创建词云对象
    wc=WordCloud(
        font_path='simhei.ttf',#使用黑体
        background_color='white',#背景色
        max_words=60,#最大词数
        max_font_size=100,#最大字体大小
        width=800,  #宽度
        height=600, #高度
        random_state=42  #随机状态
    )
    wc.generate_from_frequencies(top60_words)#生成词云
    #显示词云
    plt.figure(figsize=(10,8))
    plt.imshow(wc,interpolation='bilinear')
    plt.axis('off')  #关闭坐标轴
    plt.show()
```

程序运行结果如下:

```
请输入要绘制词云的文本文件(例如:article.txt):红楼梦.txt
```

输入文本文件名“红楼梦.txt”，后绘制的词云如图10-8所示。

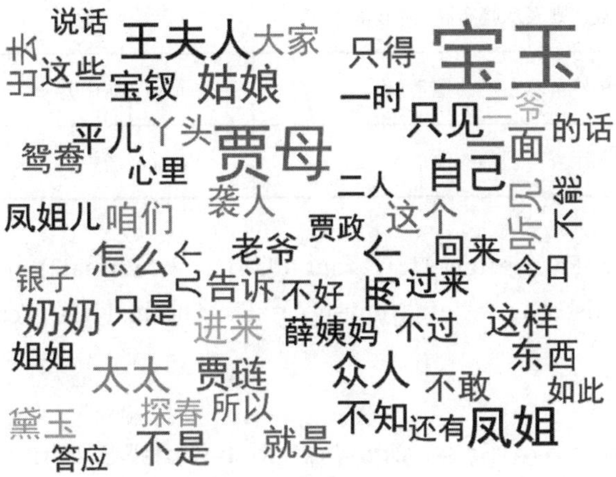

图10-8 《红楼梦》词云

10.3 turtle库

turtle库是Python内置的一个标准函数库，主要用于进行图形绘制。turtle库模拟了一只“小海龟”在画布上爬行，“小海龟”爬行的轨迹即绘制的图形。“小海龟”就是屏幕上的箭头（默认形状），“小海龟”的默认位置为画布的正中央，即坐标原点（0,0）；画布就是“小海龟”移动的二维平面。

10.3.1 turtle库中的常用函数

turtle库中提供了丰富的绘图函数，主要包括全局控制函数、画笔控制函数、运动控制函数等。下面对turtle库中的常用函数进行简要介绍。

10.3.1.1 全局控制函数

全局控制函数具体如下。

① setup(width=0.5, height=0.75, startx=None, starty=None)函数：初始化绘图窗口，允许设置绘图窗口（画布）的大小和位置。setup(width=0.5, height=0.75, startx=None, starty=None)函数的参数说明如表10-12所示。

表10-12 setup(width=0.5, height=0.75, startx=None, starty=None)函数的参数说明

参数	说明	默认值	示例
width	窗口宽度。若值为整数，则表示像素值；若值为小数，则表示画布宽度/屏幕宽度	0.5	800或0.7

续表

参数	说明	默认值	示例
height	窗口高度。若值为整数，则表示像素值；若值为小数，则表示画布高度 / 屏幕高度	0.75	600 或 0.8
startx	窗口左侧距屏幕左侧的像素	None（居中）	100
starty	窗口顶部距屏幕顶部的像素	None（居中）	200

② write(arg,move=False,align="left",font=("Arial",8,"normal")) 函数：在画布上显示文字。write(arg,move=False,align="left",font=("Arial",8,"normal")) 函数的参数说明如表 10-13 所示。

表10-13 write(arg,move=False,align="left",font=("Arial",8,"normal")) 函数的参数说明

参数	说明	默认值
arg	要显示的信息 （字符串或数字）	无
move	是否移动“小海龟”位置 （False/True）	False
align	文字对齐方式 （"left"，"center"，"right"）	"left"
font	字体样式 （名称，大小，类型）三元组	("Arial", 8, "normal")

例如：

```
import turtle
turtle.penup()   #抬起画笔，移动时不画线
turtle.write("I like Python",font=("Times New Roman",24,"normal"))
```

使用时建议抬起画笔，否则在书写时会留下线条轨迹。

③ title(titlestring) 函数：设置绘图窗口标题栏文字。其中，titlestring 参数为字符串类型，用于设置绘图窗口的标题栏文字。

④ reset() 函数：重置绘图状态，具体包括清除画布上所有的绘图轨迹，将“小海龟”重置到坐标原点 (0,0)，重置“小海龟”方向朝向正右方，恢复画笔默认的颜色、状态、粗细、速度等。

⑤ clear() 函数：清除画布上所有的绘图轨迹，但保留“小海龟”的当前状态，如位置、方向、颜色、粗细等。

⑥ done() 函数：保持绘图窗口持续显示。done() 函数一般放在绘图代码的最后。

⑦ bgcolor(color)函数：设置或获取画布的背景颜色。给定color参数时，该函数用于设置画布的背景颜色。color支持3种形式的参数，分别为颜色名称字符串、RGB元组或者十六进制颜色码，其设置方法可以参考pencolor(color)函数中color参数的设置。不传入color参数时，该函数用于获取画布的当前背景颜色。

⑧ Screen()函数：创建并返回一个Turtle绘图窗口对象（Screen对象），相当于初始化图形用户界面，后续的一些操作（如单击等）都可以通过Screen对象进行调用。

10.3.1.2 画笔控制函数

画笔控制函数具体如下。

① penup()函数（缩写为pu()函数)）：将画笔从画布上抬起，此种情况下移动画笔不绘制任何轨迹，相当于空中移动。penup()函数是控制画笔状态的核心函数之一，常与pendown()函数配合使用。penup()函数主要在移动“小海龟”不画线、绘制不连续的图形(如虚线)、调整起始绘制位置等场景下使用。

② pendown()函数(缩写为pd()函数)：落下画笔，此种情况下移动画笔将绘制轨迹。Turtle库初始化时，默认画笔处于pendown()状态。

③ pensize(width=None)函数（别名width()）：设置画笔轨迹的宽度，数值越大轨迹越粗。其中，width参数为设置的画笔宽度（像素宽度），默认值为1像素，支持整数和浮点数的宽度设置。调用该函数时，若不设置width参数，则使用当前画笔宽度绘制。实际绘制线条的显示宽度可能受屏幕分辨率的影响。

例如：

```
turtle.pensize(10.8)
turtle.pensize(15)
```

④ pencolor(color)函数：设置画笔的颜色。其中，color参数支持3种形式的参数，分别为颜色名称字符串、RGB元组和十六进制颜色码。

a. 颜色名称字符串：如“red”“purple”“green”等。

b. RGB元组：RGB(Red,Green,Blue)是一种加色模型，通过红、绿、蓝三原色的不同比例混合来呈现各种颜色，数值范围为0～1或0～255。

c. 十六进制颜色码：如“#FF0000”(红色)。

⑤ fillcolor(color)函数：设置后续图形填充颜色。对color参数进行设置时，其设置方法与pencolor(color)函数中的color参数的设置方法相同；不传color参数时，该函数用于获取当前的填充颜色。fillcolor()函数通常与begin_fill()函数和end_fill()函数配合使用。

⑥ begin_fill()函数：开始记录填充图形的起点。

⑦ end_fill()函数：结束记录并填充闭合区域。

⑧ speed(speed)函数：设置“小海龟”的移动速度。其中，speed为速度参数，用于接收速度值（整数0～10或者字符串）。speed参数设置说明如表10-14所示。

表10-14 speed参数设置说明

速度值	字符串别名	动画效果
0	"fastest"	直接绘制，无中间绘制动画

续表

速度值	字符串别名	动画效果
1	"slowest"	最慢，缓慢动画
2～9		中间速度，数字越大速度越快
10	"fast"	快速，能看出绘制动画
None		以当前速度绘制

⑨ hideturtle()函数：隐藏绘图时的“小海龟”箭头图标。在绘图完成后隐藏箭头图标可使图形更加美观。

10.3.1.3 运动控制函数

运动控制函数具体如下。

① forward(distance)函数：使“小海龟”沿当前方向移动指定距离，“小海龟”朝向不发生改变。

其中，distance参数是“小海龟”移动的距离（单位：像素），可以是整数或者浮点数，取值可以为正或者负或者0。当distance取值为正时，表示朝当前方向移动；取值为负时，表示朝相反方向移动。

② backward(distance)函数：使“小海龟”向后移动指定距离，“小海龟”的朝向不发生改变。

其中，distance参数是“小海龟”移动的距离（单位：像素），可以是整数或者浮点数，取值可以为正或者负或者0。当distance取值为正时，表示沿当前方向的反方向移动；取值为负时，表示沿当前方向移动。

③ left(angle)函数：使“小海龟”向左（逆时针方向）旋转指定角度，不改变“小海龟”的坐标位置。

其中，angle参数是“小海龟”旋转的角度[单位：（°）]，可以是整数或浮点数。

④ right(angle)函数：使“小海龟”向右（顺时针方向）旋转指定角度，不改变“小海龟”的坐标位置。

其中，angle是“小海龟”旋转的角度[单位：（°）]，可以是整数或浮点数。

⑤ goto(x,y)函数：使“小海龟”移动到指定的目标坐标位置(x,y)。如果画笔为落下状态，则绘制从当前位置到目标位置的直线，“小海龟”朝向不发生改变。其中，x和y分别为目标位置的水平坐标和垂直坐标，x、y可以为整数或浮点数，取值可以为正或负。x为正表示在坐标原点(0,0)的右方，x为负表示在坐标原点(0,0)的左方；y为正表示在坐标原点(0,0)的上方，y为负表示在坐标原点(0,0)的下方。

⑥ circle(radius, extent=None, steps=None)函数：绘制圆形、圆弧或正多边形。其中，radius、extent和steps参数如表10-15所示。

表10-15 circle函数参数表

参数	参数的类型和单位	说明
radius	整数或浮点数，单位为像素	圆的半径、圆弧的半径、正多边形的外接圆半径。取值为正时，沿逆时针方向绘制；取值为负时，沿顺时针方向绘制

续表

参数	参数的类型和单位	说明
extent	整数或浮点数，单位为（°），取值范围为 0 ～ 360，默认值为 None	指定要绘制的圆弧的角度。取值为默认值时，表示绘制完整的圆形
steps	整数，默认值为 None	多边形边数。取值为默认值时，表示绘制圆形或圆弧

⑦ dot(size=None,color=None) 函数：绘制以size为直径，以color为颜色的实心圆点。其中，size为圆点的直径，可以为整型或浮点型数值。不设置size参数则取默认值，默认值为当前的pensize+4。color为圆点的填充颜色，设置方法与pencolor(color)函数的颜色设置方法相同。不设置color参数时，使用当前的pencolor。

⑧ setheading(angle)/seth(angle) 函数：设置“小海龟”的朝向角度。其中，angle是“小海龟”朝向的绝对角度[单位：（°）]，可以是整数或浮点数。标准角度坐标体系如图10-9所示。

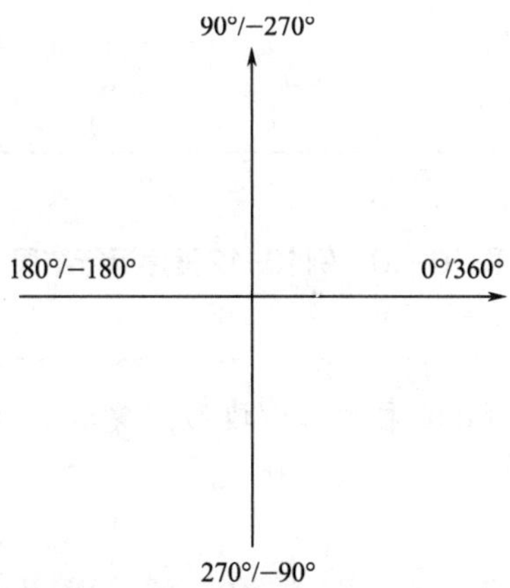

图10-9　标准角度坐标体系

10.3.2　turtle 库绘图应用

本节将通过几个实例介绍如何利用turtle库中的函数进行图形绘制。

【例10-12】绘制长度为100像素的等边三角形。

分析：没有颜色、粗细、位置等要求，可以选择默认的画布、画笔颜色、粗细进行绘制。

程序代码如下：

```
import turtle
turtle.fd(100)
turtle.left(120)
turtle.fd(100)
turtle.left(120)
```

```
turtle.fd(100)
turtle.left(120)
turtle.done()
```

程序运行结果如图10-10所示。

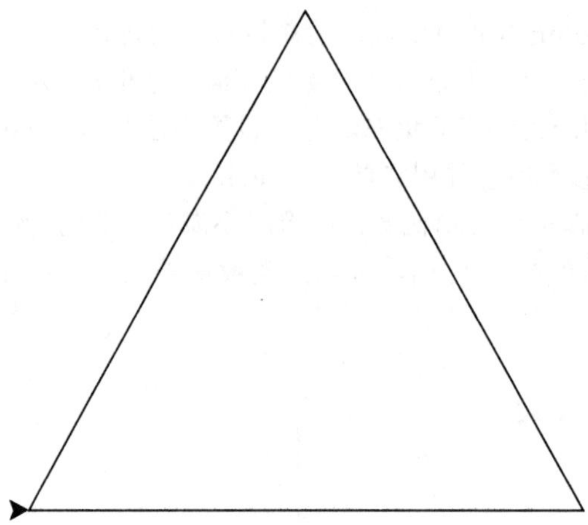

图10-10　例10-12程序运行结果

【例10-13】绘制边长为100像素的正六边形，要求正六边形的边框为紫色，填充为蓝色。

程序代码如下：

```
import turtle
turtle.pensize(5)
turtle.color("purple")
turtle.fillcolor("blue")
turtle.begin_fill()
for i in range(6):
    turtle.fd(100)
    turtle.left(60)
turtle.end_fill()
turtle.done()
```

这里绘制正六边形也可以使用circle()函数实现，正六边形边长为100像素，则其外接圆的半径也是100像素。使用circle()函数绘制正六边形的代码如下：

```
import turtle
turtle.pensize(5)
turtle.color("purple")
```

```
turtle.fillcolor("blue")
turtle.begin_fill()
turtle.circle(100,360,6)
turtle.end_fill()
turtle.done()
```

【例10-14】绘制正弦函数和余弦函数的叠加波形，横坐标绘制从-350像素至+350像素(-π ～+π)，纵坐标绘制从-200像素至+200像素，正弦函数和余弦函数的振幅为100像素。

程序代码如下：

```
import turtle
import math
#初始化设置
turtle.speed(0)
turtle.bgcolor("white")
turtle.pensize(2)
#绘制坐标轴
def draw_axes():
    turtle.penup()    #绘制x轴
    turtle.goto(-350,0)
    turtle.pendown()
    turtle.color("black")
    turtle.goto(350,0)
    turtle.penup()    #绘制y轴
    turtle.goto(0,-200)
    turtle.pendown()
    turtle.goto(0,200)
#添加坐标轴标题
def draw_titles():
    turtle.penup()
    turtle.goto(350,-20)
    turtle.color("black")
    turtle.write("X",font=("Arial",12,"normal"))

    turtle.penup()
    turtle.goto(-10,220)
    turtle.color("black")
    turtle.write("Y",font=("Arial",12,"normal"))
#绘制正弦波
```

```
def draw_sine_wave():
    turtle.penup()
    turtle.goto(-350,100*math.sin(-350*math.pi/350))
    turtle.pendown()
    turtle.color("red")
    for x in range(-350,350):
        rad=x*math.pi/350     #将x转换为弧度(-π ～+π)
        y=100*math.sin(rad)   #振幅100像素
        turtle.goto(x,y)
#绘制余弦波
def draw_cosine_wave():
    turtle.penup()
    turtle.goto(-350,100*math.cos(-350*math.pi/350))
    turtle.pendown()
    turtle.color("blue")
    for x in range(-350,350):
        rad=x*math.pi/350
        y=100*math.cos(rad)
        turtle.goto(x,y)
draw_axes()             #绘制坐标轴
draw_titles()           #添加坐标标题
draw_sine_wave()        #绘制正弦波
draw_cosine_wave()      #绘制余弦波
turtle.done()
```

程序运行结果如图 10-11 所示。

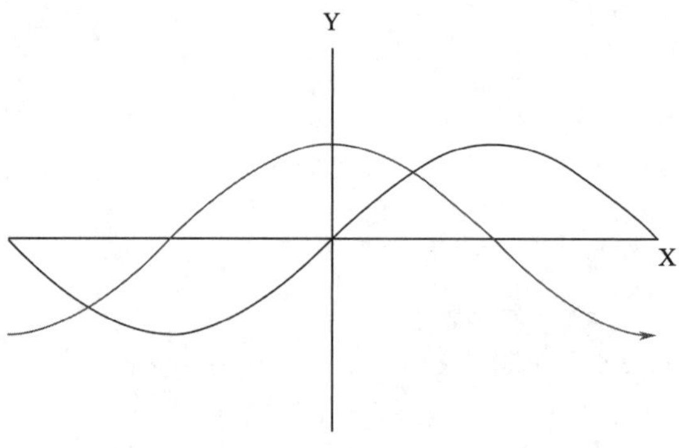

图10-11　例10-14程序运行结果

【例 10-15】绘制交互式星空。在黑色的天空中，随着用户在夜空中单击，点亮夜空中的繁星。

程序代码如下：

```
import turtle
import random
def draw_star(x,y):                    #在单击位置绘制随机星星
    turtle.penup()
    turtle.goto(x,y)
    turtle.pendown()
    size=random.randint(5,20)          #星星的大小
    points=5
    angle=144
    #星星的颜色
    turtle.color(random.choice(["white","yellow","lightblue"]))
    turtle.begin_fill()
    for i in range(points):
        turtle.forward(size)
        turtle.right(angle)
    turtle.end_fill()
#初始化
screen=turtle.Screen()
turtle.bgcolor("black")
turtle.speed(0)
turtle.hideturtle()
#绑定鼠标单击事件
screen.onclick(draw_star)
#添加文字提示
turtle.penup()
turtle.goto(0,-200)
turtle.color("white")
turtle.write("单击屏幕绘制星星",align="center",font=("Times New
Roman",16,"normal"))
turtle.done()
```

说明：程序代码中的onclick()是Screen对象的一个方法，用于为整个画布绑定鼠标单击事件，在鼠标单击画布的任意位置时触发。

本章小结

本章系统介绍了数据可视化、中文文本处理和图形绘制的基础知识。

matplotlib作为Python著名的数据可视化库之一，其核心功能是为Python提供高质量的2D绘图能力，支持数据以直观的图表形式可视化。本章详细介绍了其中的基本绘图函数、图表格式控制函数以及图形结构管理函数，并通过实例演示了如何利用该库实现数据的有效

可视化。

jieba库是中文文本处理领域广泛应用的第三方工具。本章对jieba库中的关键功能进行了讲解，涵盖分词函数、词典管理函数、关键词提取函数和词性标注函数。同时，结合wordcloud库的常用功能，展示了如何基于中文文本生成词云。

turtle库是Python内置的图形绘制模块。本章介绍了其全局控制函数、画笔控制函数和运动控制函数，并通过实例展示了使用turtle库绘制图形的方法与技巧。

习题10

在线习题

编程题

1. 某水果店水果销售情况如表10-16所示，要求绘制水果销售情况的柱状图。

表10-16　水果销售情况

水果	销售额/元
苹果 apple	520
桃 peach	480
西瓜 watermelon	830
樱桃 cherry	180

2. 绘制正弦函数图像。要求使用 math库中的sin()函数 生成 0～2π的 100 个点，并用Matplotlib库绘制y=sin(x) 的图像，设置标题为“Sine Wave”。

3. 绘制多个子图。要求在同一个 Figure对象中绘制2个子图，子图1显示y=sin(x)（红色实线），子图2显示y=cos(x)（蓝色虚线），其中x ∈ [0, 2π]。

4. 分词并统计词频。要求对给定的中文文本（自选）进行精确分词并统计词频，输出出现频率最高的5个词语。

5. 统计词频并绘制词云。要求对给定的中文文本（自选）进行精确分词并统计词频，并以出现频率最高的30个词语绘制词云。

6. 绘制一个边长为100像素的正方形，边框为红色，填充颜色为黄色。

7. 绘制一个边长为100像素的五角星，边框为红色。

8. 绘制彩色同心圆。要求绘制5个同心圆，半径分别为50像素、100像素、150像素、200像素、250像素，每个圆使用不同的颜色，线条宽度逐渐增加。

参考文献

[1] Rossum G V, Drake F L. An introduction to Python[M]. Bristol:Network Theory Limited, 2006.

[2] Python Software Foundation. The Python language reference[EB/OL]. [2025-10-10]. https://docs.python.org/3/reference/.

[3] Wing J M. Computational thinking[J]. Communications of the ACM, 2006, 49（3）: 33-35.

[4] Beazley D M. Python参考手册[M]. 4版. 谢俊, 杨越, 高越, 译. 北京: 人民邮电出版社, 2018.

[5] Chun W. Python核心编程 [M]. 3版. 孙波翔, 李斌, 李晗, 译. 北京: 人民邮电出版社, 2016.

[6] 翟明岳. Python语言程序设计基础教程 (微课版)[M]. 北京: 人民邮电出版社, 2024.

[7] McKinney W. 利用Python进行数据分析 [M]. 2版. 徐敬一, 译. 北京: 机械工业出版社, 2018.

[8] Matthes E. Python编程：从入门到实践 [M]. 3版. 袁国忠, 译. 北京: 人民邮电出版社, 2023.

[9] 嵩天, 黄天羽, 杨雅婷. Python语言程序设计基础 [M]. 3版. 北京: 高等教育出版社, 2024.

[10] Radenski A. "Python first" a lab-based digital introduction to computer science[J]. ACM SIGCSE Bulletin, 2006, 38（3）: 197-201.

[11] Ramalho L. Fluent Python: Clear, concise, and effective programming[M]. Sebastopol, California:O'Reilly Media, 2015.

[12] Beazley D M, Jones B K. Python cookbook [M]. 3版. 陈舸, 译. 北京: 人民邮电出版社, 2015.

[13] 陈波, 刘慧君.Python编程基础及应用 [M]. 北京: 高等教育出版社, 2020.

[14] 董付国.Python程序设计入门与实践 [M]. 西安: 西安电子科技大学出版社, 2021.

[15] 鲁凌云.Python程序设计基础 [M]. 北京: 清华大学出版社, 2019.

[16] 叶维忠.Python编程从入门到精通 [M]. 北京: 人民邮电出版社, 2018.

[17] 王超，刘越，李美珊.Python程序设计语言 [M]. 北京: 清华大学出版社, 2022.

[18] 未来科技. 精通Python [M]. 北京: 中国水利水电出版社, 2021.

[19] 石毅，张莉，高建华. Python语言程序设计 [M]. 北京: 电子工业出版社, 2021.